MARK WARD

GARTEN VÖGEL

Penguin Random House

Erstausgabe
Redaktion Rebecca Warren
Gestaltung und Satz Francis Wong,
Sonia Barbate
DTP-Design Laragh Kedwell
Herstellung Luca Frassinetti,
Susanne Worsfold

Neuausgabe
DK London
Programmleitung Jonathan Metcalf
Programmmanager Liz Wheeler
Redaktionsleitung Sarah Larter
Cheflektorat Angeles Gavira Guerrero
Lektorat Peter Frances
Redaktion Lili Bryant
Art Director Philip Ormerod
Bildredaktion Michelle Baxter,
Duncan Turner
Herstellung Alice Sykes, Rachel Ng
Umschlaggestaltung Mark Cavanagh,
Manisha Majithia, Sophia MTT

DK Delhi
Cheflektorat Rohan Sinha
Lektorat Vineetha Mokkil
Redaktion Himani Khatreja
Bildredaktion Sudakshina Basu
Gestaltung und Satz Shreya Anand,
Upasana Sharma
DTP-Design Vishal Bhatia, Sachin Singh
Herstellung Pankaj Sharma,
Balwant Singh

Vogelporträts Jonathan Elphick,
John Woodward

Für die deutsche Ausgabe:
Programmleitung Monika Schlitzer
Redaktionsleitung Caren Hummel
Projektbetreuung Regina Franke,
Manuela Stern
Herstellungsleitung Dorothee Whittaker
Herstellungskoordination
Katharina Dürmeier
Herstellung Mareike Hutsky,
Sabine Hüttenkofer

Titel der englischen Originalausgabe:
Pocket Garden Bird Watch

© Dorling Kindersley Limited, London,
2007, 2009, 2014
Ein Unternehmen der
Penguin Random House Group
Alle Rechte vorbehalten

© der deutschsprachigen Ausgabe by
Dorling Kindersley Verlag GmbH, München,
2008, 2015
Alle deutschsprachigen Rechte vorbehalten.

Jegliche – auch auszugsweise – Verwertung,
Wiedergabe, Vervielfältigung oder Speiche-
rung, ob elektronisch, mechanisch, durch
Fotokopie oder Aufzeichnung, bedarf der
vorherigen schriftlichen Genehmigung durch
den Verlag.

Übersetzung Eva Sixt
Lektorat der Neuausgabe Carola Pröbstle

ISBN 978-3-8310-2754-5

Druck und Bindung Leo Paper Products,
China

Besuchen Sie uns im Internet
www.dorlingkindersley.de

Hinweis
Die Informationen und Ratschläge in diesem Buch
sind von den Autoren und vom Verlag sorgfältig
erwogen und geprüft, dennoch kann eine Garantie
nicht übernommen werden.
Eine Haftung der Autoren bzw. des Verlags und
seiner Beauftragten für Personen-, Sach- und
Vermögensschäden ist ausgeschlossen.

Inhalt

Einführung

Gärten sind wertvolle Rückzugsgebiete für viele faszinierende Vogelarten. Jeden Garten, egal wo er sich befindet und wie groß er ist, können Sie für Vögel attraktiv gestalten. Sie werden überrascht sein, wie viele Vogelarten sich einfinden werden, wenn Sie die Tipps in diesem Buch beherzigen.

Gartenvögel

Zu den Gartenvögeln gehören bekannte Stand- oder Jahresvögel wie Rotkehlchen, Amseln und Haussperlinge, aber auch Sommergäste wie Mauersegler und Mehlschwalben, die von Afrika nach Europa ziehen und hier brüten. Andere Arten ziehen im Winter nach Mitteleuropa, wie Rotdrosseln, Bergfinken und Wacholderdrosseln.

Immer mehr Vogelarten besuchen unsere Gärten und werden mittlerweile als Gartenvögel bezeichnet. Waldvögel wie Buntspechte, Erlenzeisige und Kleiber haben es gelernt, Futterspender zu nutzen und anderes im Garten angebotenes Futter anzunehmen.

Gartenvögel können Sie einfacher beobachten als Vögel auf dem Land, die scheuer sind. Wenn Sie das Verhalten verschiedener Arten kennen lernen, werden Sie auch die Veränderungen wahrnehmen, die im Jahreslauf und über die Jahre stattfinden. Bieten Sie Ihren Gartenvögeln Futter, Wasser und Deckung. So werden Sie viel Freude an den Vögeln vor Ihrer eigenen Haustür haben.

Oase im Garten
Wenn Sie ein Vogelbad aufstellen, können Sie Vögel wie diese Ringeltaube beim Baden und Trinken beobachten.

Gärten als Rückzugsgebiete

Gärten sind für viele Vogelarten attraktive Lebensräume, denen immer mehr Bedeutung zukommt, da auf dem Land geeignete Habitate schwinden. Der Einsatz von Pestiziden nimmt den Vögeln die Nahrung und, da viele Hecken verschwunden sind, mangelt es an Nistgelegenheiten.

Vogelfreundlich gestaltete Gärten können einen gewissen Ausgleich schaffen und Sie werden reich belohnt. Zu jeder Jahreszeit können Sie neue Vogelarten beobachten und das Verhalten Ihrer gefiederten Gäste ändert sich im Jahreslauf. Neue Arten werden Ihre Futterspender besuchen und Sie können beobachten, wie Vogeleltern ihren Nachwuchs großziehen.

Futterspender
Wenn Sie das richtige Futter anbieten, werden Grünfinken und Blaumeisen zu den ständigen Gästen gehören. Auch Feldsperlinge (oben) *werden sich vielleicht einfinden.*

Grundbedürfnisse

Sie können etwas für Ihre Gartenvögel tun, ganz egal, ob Sie in der Stadt oder auf dem Land leben. Ob Ihr Garten schon lange besteht oder Sie ganz von vorne beginnen, spielt dabei keine Rolle. Sogar wenn Sie keinen Garten haben, können Sie Futter und Nistgelegenheiten bereit stellen.

Dabei müssen Sie nur die Bedürfnisse der Vögel kennen und ihnen regelmäßig etwas anbieten. Das muss nicht teuer und zeitaufwändig sein. Ob Sie Ihren Garten in ein Paradies für Gartenvögel verwandeln oder nur die Grundbedürfnisse versorgen, liegt ganz bei Ihnen. Vögel benötigen vier wesentliche Dinge: regelmäßiges Futter und Wasser, Nistgelegenheiten und Orte, wo sie nachts ruhen können. Diese vier Punkte werden im Folgenden genauer erläutert.

Vogelschutz

Wenn Sie sich für Vögel interessieren und für deren Schutz einsetzen wollen, können Sie sich auch in einem Natur- oder Vogelschutzverband engagieren. Einige Ortsgruppen führen beispielsweise jährlich Nistkasten-Reinigungsaktionen und Zählungen von Wintervögeln durch, an denen Sie sich beteiligen können. Die Zahlen letzterer werden anschließend wissenschaftlich ausgewertet.

Gäste aus dem Wald
Der Kleiber (links) ist ein Bewohner alter Waldbestände, den Sie jedoch mit dem richtigen Futter in Ihren Garten locken können.

Häufiger Anblick
Grünfinken können Sie das ganze Jahr über im Garten beobachten. Mit ihren bunten Farben und dem fröhlichen Gezwitscher sind sie unterhaltsame Gäste.

Notizen

Halten Sie auf einem Notizblock fest, wie viele Vögel Ihren Garten besuchen. Auch interessante Verhaltensweisen können Sie notieren oder sogar Skizzen der Vögel machen. Sie können auch Tagebuch über die Ereignisse im Jahreslauf führen.

Fernglas

Mit einem Fernglas können Sie die Vögel in Ihrem Garten noch genauer bestimmen und ihr Verhalten besser beobachten.

Bestimmung der Gartenvögel

Im hinteren Teil des Buches finden Sie Artbeschreibungen von 45 Vogelarten, die sich in mitteleuropäischen Gärten einfinden. Die Arten sind in ihrem natürlichen Lebensraum und im Flug dargestellt. Außerdem finden Sie hier Fotos beider Geschlechter und unterschiedlicher Federkleider sowie Schlüsselinformationen zu Verbreitung, Stimme, Brutbiologie, Nahrung und ähnlichen Arten.

Lebensweise

Vom Nestbau und der Aufzucht der Jungen bis hin zum Vogelzug bietet Ihnen das Verhalten der Vögel Gelegenheit zu faszinierenden Beobachtungen.

Revierverhalten

Sein Revier muss einem Vogel bereitstellen, was er zum Überleben braucht: Nahrung, Wasser und Schutz. Manche Arten besetzen während des gesamten Jahres das gleiche Revier, die meisten Vögel bevorzugen jedoch zur Brutzeit andere Reviere.

Grenzen abstecken

Brutreviere müssen den Vogeleltern und ihren Jungen ausreichend Nahrung bieten. Männchen haben gern mehrere Nistgelegenheiten zur Auswahl und benötigen Ansitze, von denen aus sie die Grenzen ihres Reviers verteidigen und ihre Paarungsbereitschaft verkünden können.

Reviere sind groß und können sich über mehrere Gärten erstrecken. Manche Vögel besuchen Ihren Garten vielleicht nur gelegentlich, denn ihr Revier schließt auch andere Gärten ein.

Außerhalb der Brutsaison müssen Vögel nur für sich selbst Nahrung finden, wofür ein kleineres Gebiet oft ausreicht. Viele Arten, wie Finken, Stare und Meisen, sammeln sich nach der Brutzeit zum Schutz vor Fressfeinden in Schwärmen. Andere, wie Rotkehlchen, haben auch außerhalb der Brutzeit getrennte Reviere.

Nistplätze finden

Für einen Vogel bedeutet es einen großen Aufwand einen idealen Nistplatz zu finden. Ein noch nicht besetzter Platz muss gefunden oder ein bereits

Streit unter Nachbarn
Unter Meisen herrscht eine Hierarchie. Diese Blaumeise macht einen tapferen Versuch, ihr Revier gegen die größere, dominantere Kohlmeise zu verteidigen.

besetzter erobert werden. Viele Vögel beginnen mit der Suche bereits im späten Winter, sodass genügend Zeit für die Partnersuche verbleibt. Männchen müssen sorgfältig auswählen. Die Inhaber der besten Reviere erlangen die

Reviergesänge
Das Rotkehlchen-Männchen verkündet mit einem langen Gesang die Grenzen seines Reviers.

Aufmerksamkeit der meisten Weibchen. Die Reviere außerhalb der Brutsaison werden im Spätsommer eingenommen, wenn auch die Jungvögel von den Nistplätzen fortziehen.

Ein Revier verteidigen

Während der Brutsaison kann man häufig Kämpfe beobachten. Wenn sie Eindringlinge mit Drohgebärden und Singen nicht abwehren können, müssen territoriale Vogelarten um ihr Revier kämpfen.

Die Kämpfe sehen bedrohlich aus, aber keine Sorge: Bei diesem natürlichen Verhalten verletzen sich die Vögel selten gegenseitig. Außerhalb der Brutsaison wird meist um Futter gekämpft.

Herrische Stimme
Wenn Sie den lachenden Gesang des Grünspechts hören, ist dies ein Zeichen, dass ein Männchen sein Revier verteidigt.

Gesang

Viele Gartenvögel verfügen über ein vielfältiges Repertoire an Gesängen und Rufen: Ein zusätzlicher Grund, um Vögel in Ihren Garten zu locken. Im Frühjahr, wenn der Wettstreit um Partner und Reviere beginnt, stimmt jede Art auf charakteristische Weise in den Chor ein.

Warum Vögel singen

Wenn man etwa dem Gesang einer Singdrossel lauscht, könnte man meinen, sie sänge zum Vergnügen. Der Gesang hat jedoch einen Zweck. Vor allem Männchen singen, um Weibchen zu imponieren und Partnerinnen von weit her anzulocken. Eine kräftige Stimme zeichnet ein gesundes Männchen aus, das einen attraktiven Partner darstellt. Mit dem Gesang werden auch die Grenzen der Reviere markiert. Anderen Vögeln im Gebiet wird so signalisiert fern zu bleiben.

Unterschiedliche Gesänge

Wenn Sie den Vögeln in Ihrem Garten lauschen, werden Sie eine Vielzahl unterschiedlicher Gesänge wahrnehmen. Jeder Vogel hat einen einzigartigen Gesang. Mit Vogelstimmen-Aufnahmen (z. B. von einer CD)

Beliebter Gesang
Die Amsel hat einen flötenden Gesang. Viele Menschen lieben diesen einfachen, aber melodischen Klang.

ANSITZE

Vögel singen häufig vom selben Ansitz aus. Exponierte Orte wie Hausdächer, Baum- und Busch- wipfel und Zaunpfähle sind ideal, da der Gesang über weite Strecken zu hören ist. Sie werden dieselben Vögel regelmäßig in einem bestimmten Gebiet singen hören.

Über weite Entfernungen
Der Gesang der Singdrossel ist über weite Strecken zu hören. Oft sitzt die Sängerin auf Zaunpfählen oder Fernsehantennen.

können Sie die charakteristischen Gesänge der Arten kennen lernen, vom Trillern der Zaunkönige bis hin zum vielfältigen Repertoire der Stare (sie ahmen sogar das Klingeln von Handys nach) oder dem kaum hörbaren perlenden Gesang des Wintergoldhähnchens.

Lauf der Jahreszeiten

Im Frühjahr fallen die Gesänge der Vögel besonders auf. Nach einer anfänglichen »Aufwärm- phase« finden die Vögel bald zu ihrem charakteristischen Gesang. Im späten Frühjahr beginnen die Tage mit einem wunderbaren Chor im Morgengrauen. Jeder Vogel möchte Gehör finden. Im Herbst und Winter ist es wesentlich ruhiger. Am häufigsten werden Sie dann das melancholische Flöten des Rotkehlchens hören.

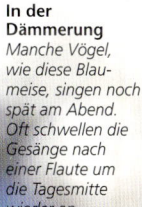

In der Dämmerung
Manche Vögel, wie diese Blau- meise, singen noch spät am Abend. Oft schwellen die Gesänge nach einer Flaute um die Tagesmitte wieder an.

Nachtvorstellung
Das Rotkehlchen singt häufig in der Nacht und wird oft mit der Nachtigall ver- wechselt. In der Nähe von Straßenlater- nen hört man regelmäßig Rotkehlchen.

Balz

Vogelmännchen haben viele Anforderungen zu erfüllen, um eine Partnerin zu finden und sich erfolgreich fortpflanzen zu können. Zunächst müssen sie balzen. Bevor sich die Partner akzeptieren und mit dem Nisten beginnen, müssen sie ihre Bindung festigen.

Balzen

Viele Vögel zeigen ein Balzverhalten, um die Aufmerksamkeit von Partnerinnen und Rivalen auf sich zu ziehen. Verschiedene Arten zeigen jeweils typische Balzrituale, manche präsentieren ihr farbenprächtiges Gefieder, andere balzen im Flug. Wer so auf sich aufmerksam macht, setzt sich dem Risiko aus, von Fressfeinden wahrgenommen zu werden. Eine erfolgreiche Paarung wiegt dies jedoch auf.

Einen Partner wählen

Manche Vögel bleiben nur während einer Brutsaison zusammen. Andere binden sich länger und müssen ihre Bindung lediglich jedes Jahr neu festigen, wenn sie in ihr Brutgebiet zurückkehren. In solchen Fällen dauert die Balz nicht lange, da die Vögel sich bereits vertraut sind. Erfahrene Vögel sind die besten Eltern und ältere Männchen sind bei der Balz am erfolgreichsten. Weibchen schätzen verschiedene Merkmale ein, die ihnen ein möglicher Partner bietet, bevorzugen aber ältere Partner.

Balzgeschenk
Diese männliche Blaumeise (links) präsentiert einem Weibchen eine Futtergabe, um seine Eignung als Partner zu demonstrieren.

Hochzeitstanz
Heckenbraunellen balzen nach einem bestimmten Ritual: Sie schlagen während des Singens mit den Flügeln. So beeindrucken sie mögliche Partnerinnen.

Paarungsvorbereitung

Nachdem die Partnerin durch Gesang und Balz beeindruckt wurde, muss die Bindung enger werden. Das Männchen präsentiert dem Weibchen Futtergaben. So festigt es die Bindung und beweist seiner Partnerin, dass es sie während der Brutzeit und später die Jungen gut versorgen wird. Wechselseitiges ritualisiertes Putzen ist ein wesentlicher Bestandteil der Balz. Oft kann man im Frühjahr beobachten, wie sich Vogelpaare gegenseitig putzen. Wenn Männchen und Weibchen das Brutrevier und sich gegenseitig akzeptiert haben, beginnt das Paar mit dem Nestbau.

Beide Vögel verhalten sich von da an unauffälliger, um keine Fressfeinde auf sich aufmerksam zu machen, wenn sie ihre Jungen groß ziehen.

Aufziehen der Jungen

Während des Nistens sind Vögel sehr aktiv und für Vogelbeobachter ist dies eine aufregende Zeit. Jeder ausgewach-
sene Vogel versucht erfolgreich Junge großzuziehen.

Die Brutzeit

Vögel müssen sich fortpflanzen,
damit die Populationsgröße erhalten bleibt und natürliche Verluste
ausgeglichen werden. Manche
Gartenvögel ziehen jedes Jahr bis
zu vier Bruten groß.

Die Brutsaison dauert etwa von
März bis August, manche Vögel
nisten in milden Wintern früher.
Arten, die mehrmals brüten und
Vögel, denen eine Brut verloren
ging, schließen ihren Nistzyklus
manchmal später ab. Die Vögel
müssen so flexibel sein mit unvor-
hersehbaren Witterungsverhältnis-
sen fertig zu werden.

Zur Brutzeit ist viel natürliche
Deckung und Insektennahrung im
Überfluss vorhanden. Da die Tage
im Sommer länger sind, bleibt
ausreichend Zeit, Nahrung für die
Jungen herbeizuschaffen.

Frühe Brut
*Misteldrosseln nisten früh im Jahr. Sie
bauen ihre Nester oft in Astgabeln
von Bäumen.*

Nestbau

Jede Vogelart baut ihre Nester auf charakteristische Weise und verwendet bestimmte Materialien, wie Pflanzenteile, Schlamm, Moos oder Spinnweben.

Vögel nisten an ganz unterschiedlichen Stellen und viele Gartenvögel nehmen Nistkästen an. Manche Arten bauen mehrere Nester und wählen dann die besten aus. Ein sicherer Nistplatz, der außer Reichweite von Fressfeinden und vor der Witterung geschützt ist, ist überlebenswichtig.

Im Frühjahr können Sie Vögel beobachten, die Schnäbel voller Gras und anderer Pflanzenteile oder Schlamm sammeln. Sie können ihnen Wollstückchen anbieten, die Sie in Bäume oder Büsche hängen und bei heißem, trockenem Wetter für eine Pfütze mit nassem Schlamm sorgen.

Grünfinken-Nest
Grünfinken bauen ihre hübschen, napfförmigen Nester in dichten Bäumen.

Blaumeisen-Nest
Blaumeisen bauen Nester in natürlichen Höhlen wie Baumlöchern und nehmen Nistkästen an.

Schwanzmeisen-Nest
Schwanzmeisen bauen kugelförmige Nester aus Spinnweben, Moosen und Flechten.

Das Gelege

Wenn das Nest gebaut ist und die Paarung stattgefunden hat, beginnt das Weibchen die Eier zu legen. Es kann pro Tag ein Ei legen.

Ein Gelege besteht aus Eiern, die gleichzeitig befruchtet und während einer Brut gelegt wurden. Das Gelege hat bei jeder Art eine charakteristische Größe, die aber je nach Zustand des Weibchens, Nahrung und Witterungsbedingungen variieren kann.

Die Elternvögel brüten die Eier, um sie warm zu halten. Meist ist das die Aufgabe des Weibchens. Es beginnt mit dem Brüten, wenn das Gelege vollständig ist, sodass die Jungen zur gleichen Zeit schlüpfen. Die Brutdauer variiert je nach Art. Sind die Jungen geschlüpft, sind die

Reparaturarbeiten
Der Haussperling baut ein unordentliches Nest aus Haaren, Federn und anderen Materialien. Während der Brutsaison muss es häufig repariert werden.

Schlüpfen
Die Schale zu verlassen ist für ein winziges Küken nicht leicht. Ein harter »Eizahn« auf dem Schnabel hilft ihm, nach draußen zu gelangen.

Vogeleltern gefordert. Sie müssen ihren Nachwuchs bebrüten, um ihn warm zu halten (die Jungen können ihre Körpertemperatur nicht konstant halten) und ihn mit Nahrung versorgen.

Vogeljunge sind sehr fordernd und müssen regelmäßig gefüttert werden. Blaumeisen fliegen täglich mehrere hundert Male mit Nahrung zu ihrem Nest.

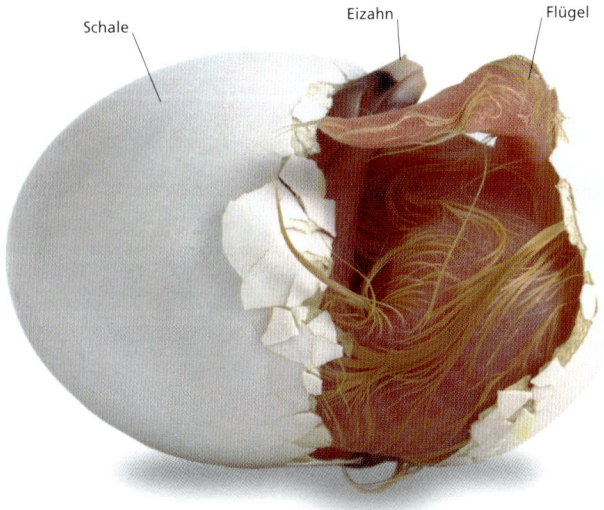

Schale

Eizahn

Flügel

Den Nachwuchs füttern
Dieses Grünspecht-Weibchen füttert einen erwartungsvollen Jungvogel. Die Jungen wachsen sehr schnell und müssen häufig gefüttert werden.

Flügge werden

Die Elternvögel ermutigen ihre Jungen das Nest zu verlassen, indem sie ihnen weniger Futter bringen. Wenn die Jungen ausgewachsen sind und das Gefieder vollständig ausgebildet ist, werden die Jungvögel flügge.

Der Jungfernflug kann gut gehen oder auch mit einer Bruchlandung enden. Solche Erfahrungen gehören bei Jungvögeln zum Lernprozess. Die Eltern bringen den Jungen noch immer Nahrung, nachdem sie das Nest verlassen haben. Manche Arten lernen sehr schnell für sich selbst zu sorgen. Haussperlinge sind eine Woche nach dem Verlassen des Nestes selbständig, sodass die Elternvögel ihre wohlverdiente Ruhe haben oder erneut brüten können.

VERLASSENE JUNGE

Jungvögel wirken oft verloren und hilfsbedürftig. Bedenken Sie jedoch, dass die Elternvögel in der Nähe sind. Flügge Junge von Rotkehlchen, Ringel- und Türkentauben und Drosseln verbringen einen oder zwei Tage auf dem Boden, bevor sie fliegen können. In den meisten Fällen sind die Vögel wohlauf.

Jungvögel
Die aufgesperrten Schnäbel signalisieren den Eltern Futter hineinzustopfen.

Vogelzug

Wir bewundern Vögel für ihre Fähigkeit zu fliegen. Viele Zugvögel legen unglaubliche, oft tausende Kilometer lange Strecken zurück. Manche Vogelarten ziehen jährlich von Südafrika bis nach Mitteleuropa.

Warum sie ziehen

Während des Vogelzugs kommen die Vögel an ihre körperlichen Grenzen und oft sind sie am Ende ihrer Reise stark unterernährt. Warum ziehen sie dann? Sommergäste ziehen nach Mitteleuropa, weil sie auf der Nordhalbkugel Nahrung und Nistplätze finden. Wintergäste ziehen, um der eisigen Kälte und Futterknappheit in Nordeuropa zu entfliehen. Gärten in Mitteleuropa sind Rückzugsgebiete für viele Finken und Drosseln aus Skandinavien. Mauersegler und Mehlschwalben müssen im Frühjahr

Willkommene Mahlzeit
Hier pickt eine Wacholderdrossel an Fallobst. Wacholderdrosseln aus Nordeuropa sind in Mitteleuropa Wintergäste.

genau zum richtigen Zeitpunkt eintreffen. Kommen sie zu früh, sind noch nicht ausreichend Insekten unterwegs, treffen sie zu spät ein, sind die besten Reviere bereits besetzt.

Massenzug
Millionen von Staren aus Osteuropa und Russland fliegen nach Mitteleuropa, wo sie überwintern.

Wie sie ziehen

Viele Fragen zum Vogelzug und zur Orientierung der Zugvögel sind noch offen. Ein faszinierendes Phänomen ist, dass manche Jungvögel instinktiv wissen, wann sie ziehen und welche Richtung sie einschlagen müssen. Vor der Reise legen sich einige Arten so viel zusätzliches Körperfett zu wie möglich. Sie folgen regelmäßigen Routen und Landmarken wie Flüsse weisen ihnen den Weg. Am Ziel angelangt müssen sie ihre verbrauchten Fettreserven wieder ersetzen.

Weite Zugstrecken
Die Rauchschwalbe zieht von Afrika bis nach Europa, wo sie sich von Insekten ernährt und in Scheunen und Außengebäuden nistet. Die Vögel kehren jedes Jahr zu denselben Nistplätzen zurück.

Nahrung

Die Nahrungssuche ist für Vögel eine tägliche Notwendigkeit. Vögel nehmen außer ihrer natürlichen Nahrung auch Futter an, das Sie ihnen bereitstellen. Jede Art hat typische Ernährungsgewohnheiten und ist daran angepasst das arttypische Futter zu finden.

Wann sollten Sie füttern?

Bei Frost und Schnee brauchen Ihre Gartenvögel Futter am notwendigsten. Die Winterfütterung hilft vielen Vögeln über die kalte Zeit und ist ein Naturerlebnis, das auch Kinder für den Schutz der Natur begeistern kann. Sehr wichtig ist es dabei, dass Sie das Futter regelmäßig an denselben Stellen anbieten.

Balanceakt
Die Blaumeise ist eine geschickte Kletterin, die hier an Fallobst pickt.

Natürliche Nahrungsquelle
Eine Singdrossel legt ihren Kopf schief, um Regenwürmer im Boden wahrzunehmen, die sie dann herauszieht.

Richten Sie sich dabei nicht nach dem Kalender, sondern nach dem Wetter. Man sollte sich dessen bewusst sein, dass das Füttern der Vögel und Artenschutz zwei Paar Schuhe sind, da nur etwa 20 bis 30 Vogelarten von der Fütterung profitieren. Die Sommerfütterung wird kontrovers diskutiert.

Nahrungssuche

Jeder Gartenvogel ist auf eine bestimmte Nahrung spezialisiert. Manche Schnäbel eignen sich zum Knacken von Samen (etwa die kräftigen Finkenschnäbel), andere zum Fangen von Insekten (wie die pinzettenartigen Schnäbel von Schwalben). Beobachten Sie, wie die verschiedenen Arten ihre Schnäbel einsetzen.

Natürliche Nahrung

Einen großen Teil seiner Zeit verbringt ein Vogel mit der Nahrungssuche. Dafür verbraucht er vor allem im Winter wertvolle Energie. Verlässliche und ergiebige Nahrungsquellen (wie ein gut bestückter Garten) bedeuten, dass er weniger Zeit für die Nahrungssuche aufwenden muss.

Manche Vögel suchen in einem großen Gebiet nach Futter und besuchen dabei mehrere Gärten.

Geschickter Kleiber
Kleiber verkeilen Eicheln in der Borke von Bäumen und hämmern sie mit ihrem meißelartigen Schnabel auf. Auch Insekten holen sie mit dem Schnabel aus der Rinde.

FUTTERVORRÄTE

Manche Gartenvögel legen Futtervorräte an. Beobachten Sie, wie Tannenmeisen und Eichelhäher an Ihren Futterspender kommen und mit Körnern im Schnabel wieder wegfliegen. Sie transportieren ihre Beute zu versteckten Vorratslagern, um über den harten Winter zu kommen.

Bäume pflanzen
Eichelhäher tragen zur Regeneration der Wälder bei. In unterirdischen Vorratslagern vergessene Eicheln keimen häufig im Frühjahr.

Frühjahr

Wenn das Frühjahr anbricht, ist im Garten von der Morgendämmerung bis zum Abend jede Menge los. Vogelgezwitscher erfüllt die Luft und die Brutreviere werden abgesteckt.

■ **TIPPS ZUR JAHRESZEIT**
Im Frühjahr können Sie Ihren Garten genießen und auch für die Vögel lässt sich nun viel tun.

1 Nistgelegenheiten
Haben Sie für Nistgelegenheiten gesorgt? Sie können entsprechende Nistkästen kaufen oder selbst bauen *(siehe S. 58–59)*.

2 Deckung
Damit die Vögel im Frühjahr während des Nistens vor Fressfeinden sicher sind, sollte Ihr Garten ihnen ausreichend natürliche Deckung bieten.

3 Keine Pestizide!
Verzichten Sie auf den Einsatz von Pestiziden. Mit der Aufnahme vergifteter Insekten oder Samen vergiften sich auch die Vögel.

Nisten

Im zeitigen Frühjahr bereiten sich Vögel auf die wichtigste Aktivität im Jahresverlauf vor, das Nisten. Sie müssen in guter Verfassung sein, um ein Revier verteidigen und einen Partner an sich binden zu können. Viele Gartenvögel legen sich ein Prachtkleid zu.

Ankömmlinge im Frühjahr

Im Frühjahr verändert sich der Garten. Manche der Vögel, die den Winter in Ihrem Garten verbracht haben, ziehen nun fort, während andere eintreffen, um zu brüten. Zugvögel aus Afrika wie Mauersegler und Mehlschwalben erscheinen im April und Mai.

NATURNAHE GARTENGESTALTUNG

Bedenken Sie, dass einheimische Blumen, Sträucher und Stauden für Vögel wertvoller sind als häufig auf Unfruchtbarkeit hin gezüchtete Zierpflanzen, da sie eine große Auswahl an essbaren Früchten und Samen hervorbringen.

GEFIEDER IM FRÜHJAHR

TRAUERBACHSTELZE

Schwarz und weiß, mit langem Schwanz

STAR

Schwarz mit hellen Sprenkeln, schillerndes Gefieder

GIMPEL

Männchen mit roter Brust und schwarzer Kapuze

Lauter Nachbar
Wenn der Buntspecht mit seinem kräftigen Schnabel gegen einen Baumstamm hämmert, erklingt ein lautes Trommeln.

■ **TIPPS ZUR JAHRESZEIT**
Im Sommer können Sie sich um die neu heran-wachsende Vogelgene-ration kümmern.

1 Fressfeinde
Jungvögel tauchen nun in Ihrem Garten auf und halten sich in Blumenbeeten und Büschen auf. Halten Sie Katzen von ihnen fern.

2 Wasser
Bieten Sie Ihren Gartenvögeln Wasser an. Natürliche Quellen trocknen in heißen Sommern oft aus und die kleinste Pfütze wird dankbar angenommen.

3 Natürliche Nahrung
Lassen Sie einige Flecken mit »Unkräutern« und Gras stehen, damit die Pflanzen Insekten anlocken und Samen als Vogelnahrung bilden können.

Sommer

Wir genießen die Sommertage und entspannen uns. Die Gartenvögel jedoch müssen unermüdlich die Schnäbel ihrer Jungen stopfen.

Jede Menge Nachwuchs

Es ist aufregend, die ersten Jungvögel des Jahres im Garten zu beobachten. Wenn die Vögel, mit denen Sie vertraut wurden, erfolgreich gebrütet haben, ist das ein herrliches Erlebnis. Junge, noch kurzschwänzige Amseln sind oft die ersten, die man zu sehen bekommt. Auch Vogelweibchen, die Sie seit Wochen nicht gesehen haben, erscheinen nun wieder, da sie nicht mehr brüten.

Mitgenommen

Im Gegensatz zu den Jungvögeln mit ihrem neuen Gefieder sehen die Altvögel im Sommer oft mitgenommen aus, ihr Gefieder ist zerzaust. Während der Aufzucht der Jungen hatten sie wenig Zeit, sich zu putzen, und das ist ihnen anzusehen.

VOGELFREUNDLICHER GARTEN

In offenen Komposthaufen leben jede Menge Würmer, Spinnen und Insekten, die Vögeln Nahrung bieten. Arten wie Rotkehlchen und Zaunkönige brüten auch in Reisighaufen und nicht vermörtelten Natursteinmauern.

GEFIEDER IM SOMMER

MEHLSCHWALBE

Unterseite weiß, Oberseite glänzend blau

HAUSSPERLING

Männchen mit schwarzem Kehllatz und grauer Kappe

GRÜNFINK

Männchen sind grün mit gelben Flügelflecken.

Farbenfroher Gast
Das Buchfink-Männchen ist ein prächtiger Anblick. Wenn es Samen und Büsche als Deckung vorfindet, wird es in Ihrem Garten bleiben.

1 Hygiene
Nach der Brutsaison sollten Sie die Nistkästen in Ihrem Garten gründlich ausbürsten, damit sich Krankheitserreger nicht verbreiten.

2 Herbstlaub
Entfernen Sie Falllaub nicht sofort, denn es bietet Spinnen, Würmern und Insekten Lebensraum, die Vögeln eine wertvolle Nahrung sind.

3 Vorbereitungen
Sorgen Sie dafür, dass Sie ausreichend Futter und eine Auswahl verschiedener Futterarten bereit haben, wenn der Winter anbricht.

Herbst

Im Herbst ist die Brutsaison vorüber. Die Jungvögel sind selbständig und die Elternvögel erholen sich von den Strapazen des Sommers. Eltern und Jungvögel gehen nun getrennte Wege, aber allen ist gewahr, dass der Winter naht.

Die Zeiten ändern sich

Zu dieser Jahreszeit ersetzen die Altvögel ihre zerzausten alten Federn durch neue. Viele Vögel halten sich während der Mauser auf dem Boden auf. Sie müssen sich vor Fressfeinden verstecken, da sie nicht wegfliegen können. Auch Jungvögel mausern ihr Gefieder.

Vorräte anlegen

Jetzt ist Nahrung im Überfluss vorhanden, deshalb legen viele Vögel einen Futtervorrat an. Im Herbst nehmen Vögel an Körpergewicht zu. Sie können nun beobachten, wie sie sich zu Schwärmen sammeln, die oft bis zum nächsten Frühjahr zusammenbleiben.

REICHE ERNTE

Im Herbst finden Vögel auf dem Land relativ viel Nahrung. In den Hecken hängen Beeren, Obstbäume tragen Früchte und Wildblumen bilden Samen. Zu dieser Zeit kommen weniger Vögel in Ihren Garten.

GEFIEDER IM HERBST

WINTERGOLDHÄHNCHEN

Gelber Oberkopf

Weiße Flügelbänder

STIEGLITZ

Gelbe Flügelfelder

TANNENMEISE

Weißer Nackenfleck, Unterseite beigebraun

Herbstgäste
Eichelhäher besuchen möglicherweise im Herbst Ihren Garten. Nun verlassen die Jungvögel ihren Geburtsort und breiten sich aus.

Winter

Im Winter müssen die Vögel um ihr Überleben kämpfen. Die Tage sind kurz und die Nächte lang und kalt. Nahrung ist knapp. Bieten Sie deshalb nährstoffreiches Futter in Ihrem Garten an.

■ **TIPPS ZUR JAHRESZEIT**
Kümmern Sie sich im Winter um die gefiederten Gäste in Ihrem Garten.

1 Regelmäßiges Füttern
Sorgen Sie dafür, dass immer Futter und Wasser vorhanden sind. Vögel verschwinden sonst Zeit und lebenswichtige Energie.

2 Tägliches Auffüllen
Füllen Sie Ihre Futterspender und Vogeltränken morgens und abends, denn dann brauchen Vögel dringend Nahrung.

3 Eisfrei halten
Halten Sie Futtertische, Spender und Tränken frei von Schnee und Eis, um den Zugang zu Nahrung und Wasser zu gewährleisten.

Lebenswichtige Nahrung

Vögel müssen regelmäßig Nahrung aufnehmen, um im Winter zu überleben. Gegen die Kälte schützt das Federkleid hervorragend, aber ein ausreichendes Nahrungsangebot entscheidet über Leben und Tod. Vögel verbringen den großen Teil der hellen Stunden mit der Futtersuche, um die Nacht zu überstehen.

Gäste aus der Kälte

Viele der Vögel in Ihrem Garten sind Ihnen sicher bald ein vertrauter Anblick. Sie werden aber auch Vögel von weiter her beobachten können. Auch Wintergäste wie Rotdrosseln, Wacholderdrosseln, Bergfinken und Erlenzeisige können eintreffen.

WINTERFÜTTERUNG

Jetzt ist die Zeit, Vögeln energiereiche Nahrung wie Meisenringe und -knödel und Vogelkuchen mit Nüssen, Samen und getrockneten Früchten anzubieten, denn ein großer Teil des natürlichen Angebots an Beeren ist bereits abgeerntet.

GEFIEDER IM WINTER

MÖNCHSGRASMÜCKE

Kappe bei Männchen schwarz, bei Weibchen braun

Brauner Rücken, Unterseite gefleckt

WACHOLDER-DROSSEL

Körper schwarz, weiß und orangefarben

BERGFINK

Isolierendes Federkleid
Dieses Rotkehlchen hat sein Gefieder aufgeplustert, sodass es die Wärme besser speichert. Im Winter brechen harte Zeiten für Gartenvögel an.

Vögel im Garten

So wird Ihr Garten für Vögel attraktiv:
Bieten Sie Futter, Wasser und Nistkästen
an und pflanzen Sie vogelfreundliche
Pflanzen.

Lebensraum Garten

Ein vogelfreundlich gestalteter Garten ist für zahlreiche Vogelarten ein wertvolles kleines Rückzugsgebiet. Stellen Sie den Gartenvögeln möglichst viel bereit, von Nistplätzen bis hin zu Futterspendern.

Bedeutung der Gärten

Dass viele Vögel als »Gartenvögel« bezeichnet werden, obwohl sie auch auf dem Land häufig vorkommen, zeigt, dass Gärten wertvolle Rückzugsgebiete für Vögel sind.

Viele Vogelarten suchen in Gärten Nahrung und Deckung. Aber auch während des restlichen Jahres ist die Witterung unvorhersagbar und viele Vögel kommen in Städte und Dörfer, wenn die Nahrung knapp oder das Wetter schlecht ist.

Gärten bieten im Frühjahr und Sommer auch Nistplätze. Wenn Sie Vögeln Zugang zum Dach Ihres Hauses verschaffen, schaffen Sie so zusätzliche Nistgelegenheiten. Abgesehen davon können Sie auf vielfältige Weise Ihren Garten vogelfreundlich gestalten.

Rückzug für Gartenvögel
Dieser Garten bietet Vögeln natürliche Nahrung und Nistgelegenheiten.

Was Gärten bieten

Fast jeder Garten hat Vögeln zu bestimmten Zeiten des Jahres etwas zu bieten. Sogar Gärten, die nicht nach den Bedürfnissen der Vögel gestaltet wurden, können für die Vogelarten wertvoll sein, die sich an den Menschen angepasst haben. Schon Kleinigkeiten können von Vögeln genutzt werden, etwa ein Nistplatz in einem dichten Busch.

Wertvolle Nahrung
Regenwürmer sind für Gartenvögel eine wichtige Nahrungsquelle. Setzen Sie keine Pestizide ein!

Solche natürlichen Anziehungspunkte lassen sich leicht schaffen und machen einen Garten das ganze Jahr über zu einem Rückzugsgebiet für Vögel.

Ein Rasen bietet Drosseln und Staren Nahrung, die am Boden nach Insekten und Regenwürmern suchen. Ein Stück Hecke bietet Ruhe- und Nistplätze und in Blumenbeeten finden Vögel Samen. Zusätzliche Angebote wie ein Vogelbad und Nistkästen machen den Garten noch wertvoller. Je abwechslungsreicher Sie Ihren Garten gestalten, desto attraktiver ist er für Vögel.

Wasserquelle
Ein Teich bietet Vögeln Trinkwasser und eine Badegelegenheit. Er zieht außerdem viele andere Tierarten an.

Natürliche Nahrung
Beeren an Büschen sind für Vögel im Herbst und Winter eine wertvolle Nahrungsquelle. Pflanzen Sie wenigstens einen Strauch an, der Beeren trägt.

Deckung und Schutz

Sorgen Sie dafür, dass Vögel in Ihrem Garten Orte finden, wo sie geschützt sind und sich zurückziehen können. Dann finden sich mehr Arten ein; zudem werden sich die gefiederten Gäste länger in Ihrem Garten aufhalten.

Warum ist Deckung so wichtig?

Gartenvögel brauchen Deckung und Schutz, denn kein Vogel möchte starkem Wind ausgesetzt sein oder auf einem Futterspender sitzen, der wie ein Pendel hin und her schwingt. Vögel halten nach einem stabilen Sitzplatz Ausschau und suchen Schutz, wenn das Wetter schlecht ist. Sie sollten sich deshalb genau überlegen, wie Sie Ihren Garten gestalten.

Schutz bieten sowohl natürliche Strukturen wie Hecken, Sträucher und Bäume, als auch Zäune und Mauern oder bestimmte Stellen am Haus selbst. Windrichtung und Windstärke können Sie zwar

Geeignete Nistplätze
Mehlschwalben bauen ihre Schlamm-nester gerne an geschützten Stellen unter dem Giebel eines Hauses.

nicht beeinflussen, aber Sie können durchaus Futterspender, Nistkästen und Vogelbäder an geschützten Stellen platzieren.

Die Vögel fliegen zunächst einen Baum oder Strauch an oder setzen sich auf den Zaun, bevor sie zum Futterspender oder auf den Rasen fliegen, um zu fressen. Sie gewöhnen sich an die Strukturen in Ihrem Garten und nutzen dichte Sträucher, in denen sie vor ihren Fressfeinden geschützt sind. Deckung in der Nähe der Futterspender ist wichtig, denn wenn sich eine Katze oder ein Sperber nähert, können sie sich dort in Sicherheit bringen. Die Strukturen, die Deckung bieten, dürfen aber nicht so nah an der Futterstelle sein, dass die Vögel die Gefahr nicht bemerken.

Sitzplätze
Bieten Sie den Vögeln in Ihrem Garten möglichst viele Strukturen, auf denen sie sich niederlassen können. Stare treffen meistens in Scharen ein.

Vögel nisten gerne in Ihrem Garten, wenn sie genügend Deckung finden. Bringen Sie Nistkästen an geeigneten Stellen an *(siehe S. 56–57)*. Ist dort ausreichend Schutz vorhanden, werden sie auch angenommen.

Windschutz bietet eine Hecke für Vögel auch Nistgelegenheiten und Sitzplätze.

Bäume und Sträucher stellen zudem natürliche Nahrung für die Vögel bereit.

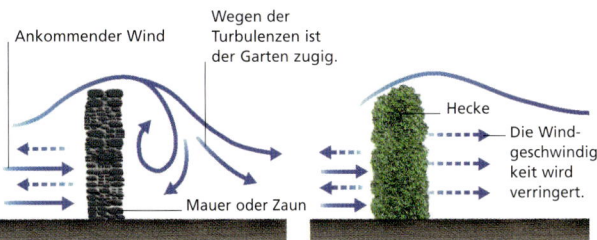

Hecken und feste Barrieren
Weil Wind von einer Hecke nicht völlig abgebremst wird, bilden sich weniger Turbulenzen als bei einer soliden Barriere.

Windschutz

In der Regel kommt der Wind bei uns aus westlichen Richtungen. Heftig blasen kann er zu jeder Jahreszeit und auch mit Stürmen ist immer zu rechnen. Bieten Sie den Vögeln daher vor allem auf der Wetterseite Ihres Gartens natürliche Deckung. Sie können Wind auch einfach abmildern, indem Sie an den richtigen Stellen Hecken pflanzen. Außer

Auf S. 38 finden Sie mehr Information zu geeigneten Pflanzen. Bepflanzen Sie kahle Mauern und Zäune mit Kletterpflanzen und Sträuchern; dann sind sie für Ihre gefiederten Gartenbesucher noch wertvoller und bieten zusätzliche Rückzugsmöglichkeiten.

Hecken pflanzen
Spannen Sie Schnüre an Pfosten, um die Ausrichtung Ihrer Hecke festzulegen und eine gerade Linie vorzugeben.

Hecken pflegen
Vermeiden Sie es, Ihre Hecken zur Brutzeit der Vögel zu beschneiden – Frühjahr und Sommer sind tabu!

Naturnahrung

Pflanzen Sie Bäume und Sträucher oder säen Sie Blumen aus, die den Vögeln Nahrung bieten. Viele Sträucher tragen Beeren, die meisten Pflanzen locken Insekten an. Dort werden sich das ganze Jahr über Vögel einfinden.

Bäume

Bäume bieten den Vögeln ideale Sitzplätze und oft auch Nahrung. Zwar ist nicht in jedem Garten ausreichend Platz für einen kleinen Wald oder einen großen Baum, aber ein kompakter, gut beschnittener Baum findet fast immer Platz.

Für Standvögel, die im Winter bei uns bleiben, bieten Laubbäume und heimische Nadelhölzer viele Vorteile. Bäume sind für Vögel eine optimale Nahrungsquelle, denn sie tragen Nüsse, Beeren oder andere Früchte, von denen sich viele Vogelarten ernähren. Erlen- und Birkenzeisige, aber auch Stieglitze picken die Samen aus den Zapfen von Erlen und

In der kalten Jahreszeit
Die Beeren von Eberesche, Weißdorn und Schneeball liefern Seidenschwänzen lebenswichtige Energie.

den Kätzchen von Birken. Die Beeren der Eberesche sind im Herbst und Winter für Drosseln und Seidenschwänze nahrhafte Leckerbissen; Amseln und Stare lieben Pflaumen, Birnen und Äpfel, die vom Baum gefallen sind.

Auch die unzähligen Insekten, die in den Bäumen leben, bieten unseren Gartenvögeln Nahrung. Im Frühjahr und Sommer füttern Blau- und Kohlmeisen ihre Jungen vor allem mit Schmetterlingsraupen.

Sträucher

Sträucher sind die beste natürliche Nahrungsquelle für Vögel. Nicht nur die Amseln verspeisen die Beeren des Weißdorns und die Hagebutten der Wildrosensträucher. Im Herbst finden sich auch hungrige Drosseln ein.

Viele Insekten leben in und an Sträuchern. Sogar im kleinsten Stadtgarten findet man Hunderte verschiedener Insektenarten. Sie können Meisen und andere Vogelarten beobachten, die Insekten von Blättern pflücken und in Rindenspalten nach Larven stochern.

Reifende Nüsse
Im Frühjahr tragen Haselsträucher zarte Kätzchen. Später im Jahr entwickeln sich die nahrhaften Haselnüsse.

SCHLAMPIG GÄRTNERN
Lassen Sie in einer Gartenecke Gräser und Wildblumen wachsen. Sie locken Insekten an und bilden Samen, die den Vögeln Nahrung bieten. Schneiden Sie die Sträucher nicht zurück; so bleiben die Beeren bis in den Winter als Vogelnahrung hängen. Und: Bringen Sie keine Pestizide aus – Vögel sind ganz natürliche Schädlingsbekämpfer.

Geeignete Sträucher bieten Vögeln Nistgelegenheiten und Nahrung. Weißdorn und Schlehe beispielsweise sind Wildsträucher, die auch im Garten sehr attraktiv sind und sich hervorragend als Heckenpflanzen eignen. Sie können sie natürlich auch einzeln stehend anpflanzen.

Am besten ist es, wenn Sie sich für verschiedene Sträucher entscheiden. Je mehr unterschiedliche Straucharten Sie einzeln oder als Hecke anpflanzen, desto vielfältigere Nahrung bieten Sie Ihren Gartenvögeln. Im Sommer ergänzen viele Vögel ihr Nahrungsspektrum mit Insekten. Die Jungvögel in den Nestern sind nun darauf angewiesen, von ihren Eltern mit eiweißreicher Insektenkost gefüttert zu werden.

Nahrung und Schutz
Vielstämmige Sträucher wie Hartriegel bieten Vögeln Deckung und im Herbst und Winter nahrhafte Beeren (rechts).

Attraktiv und vielseitig
Schlehen bieten gute Nistplätze; ihre Beeren sind im Herbst und Winter nahrhaftes Futter.

Beeren für den Winter
Rote Beeren sind für Vögel, die Früchte lieben, unwiderstehlich. Ein Cotoneaster wird sicherlich häufig besucht werden.

»

Die Natur nachahmen
Schaffen Sie in Ihrem Garten pflanzliche Strukturen, die einem natürlichen Waldrand ähneln. Kurvig verlaufende Hecken sind länger und bieten den Tieren mehr Lebensraum.

Kletterpflanzen

Viele Gartenbesitzer schätzen Efeu nicht, denn die Kletterpflanze wächst schnell und überwuchert gerne Mauern und Zäune. Für Vögel ist Efeu aber unschlagbar. Er bietet Schutz und seine Blüten locken im Spätsommer und Herbst Insekten an. Im Winter liefern die Beeren gesunde Nahrung. Lassen Sie ein wenig Efeu wachsen – Sie können ihn, wenn nötig, zurückschneiden. Amseln, Rotkehlchen und andere Gartenvögel bauen ihre Nester in Efeudickichten.

Auch Geißblatt ist eine gute Wahl. Der süße Duft seiner Blüten lockt Insekten an. Bis in den Herbst hinein bietet die Pflanze Deckung, bevor sie ihre Blätter abwirft. Die dichten Triebe sind im Winter Ruheplätze und im Sommer Nistgelegenheiten; Haussperlinge ruhen gern in älteren Pflanzen.

Nicht zu vergessen: Kletterpflanzen können Löcher in Zäunen und gesprungene Ziegelsteine in Mauern verdecken; zudem stabilisieren ihre Triebe wacklige Zäune.

Kleinere Pflanzen

Auch Wildblumen sehen in einem Garten wunderschön aus. Ob groß oder klein – mit ihren vielfältigen

Vogelfreundliche Blumen
Pflanzen Sie nektarreiche Blumen, die Insekten anlocken. Eine Wildblumenmischung bietet Vögeln Samen.

Nist- und Ruheplätze
Glyzinien sind attraktive Kletterpflanzen, die an Mauern emporwachsen und den Vögeln stabile Nistgelegenheiten bieten.

Formen und Farben bilden sie unterschiedlichste Strukturen. Auf höheren Pflanzen können sich Singvögel sogar niederlassen. Weil diese Pflanzenarten bei uns heimisch sind, sind sie für Insekten attraktiver als Gartenpflanzen, die nicht aus Europa stammen.

Viele kleine Pflanzen bilden Samen, die den Vögeln den Winter über Nahrung bieten. Stieglitze picken die Samen aus den Fruchtständen von Karden und Disteln.

Sonnenblumen pflanzen Sie am besten vor einem Zaun oder einer Mauer und stützen sie mit Stäben

Baumstämme und Äste
Wenn Sie Holz in einer schattigen Ecke liegen lassen, finden sich Insekten ein, deren Larven im Totholz leben.

Eiweißquelle
Wacholderdrosseln und andere Drosselarten finden im Rasen jede Menge Regenwürmer.

Weitere Pflanzen, die Insekten anlocken, sind Rote Lichtnelken, Kornblumen, Fingerhut und Schlüsselblumen.

Bepflanzen Sie Ihre Rabatten ruhig dicht, so finden Insekten viele Nischen. Wenn es nötig wird, können Sie die Pflanzen später ausdünnen. Wählen Sie geeignete Arten aus und achten Sie auf unterschiedliche Blütezeiten. So sorgen Sie dafür, dass vom Frühjahr bis in den Herbst immer etwas blüht.

ab, denn die Pflanzen können mehr als 2,5 m hoch werden. Lassen Sie sie stehen, bis sich in den Korbblüten Samen bilden. Grünfinken und andere Vögel werden sie im Herbst herauspicken. Alternativ können Sie die Sonnenblumenkerne auch sammeln, um mit ihnen im Winter Futterspender und Vogeltische zu bestücken.

Kompost als Lebensraum
Zwischen den verrottenden Pflanzen leben Würmer, Insekten und andere Tiere, die Vögel anlocken.

Vogelfutter

Für Gartenvögel sind unterschiedlich hochwertige und nährstoffreiche Futtermischungen erhältlich. Von speziell zusammengestellten Samenmischungen bis hin zu Meisenknödeln und Mehlwürmern können Sie aus einem breiten Angebot auswählen.

Samen und Mischungen

Im Handel sind verschiedene Samenmischungen für Futterspender und Vogeltische erhältlich. Zu den wichtigsten Zutaten gehören Hirse, Maisflocken und Sonnenblumenkerne. Manche Mischungen enthalten auch Sultaninen, Rosinen und Haferflocken.

Schwarze Sonnenblumenkerne enthalten mehr Öle als gestreifte und sind deshalb nahrhafter. Auch geschälte Sonnenblumenkerne, bei denen keine Schalenreste auf dem Futtertisch zurückbleiben, sind gut geeignet, und Haferflocken sind bei vielen Vogelarten beliebt. Bieten Sie auch Mehlwürmer und Nigersaat an.

Achten Sie darauf, dass das Vogelfutter ambrosiafrei ist. Probieren Sie aus, welches Futter Ihre Gartenvögel bevorzugen. Wenn Sie unterschiedliche Futtermischungen anbieten, werden sich mehr Vogelarten in Ihrem Garten einfinden.

Beliebte Futterquelle
Futterspender aus Maschendraht werden von Rotkehlchen (links), Stieglitzen (rechts) und anderen Vogelarten besucht.

Geschälte Sonnenblumenkerne
Verfüttern Sie geschälte Sonnenblumenkerne, bleiben keine Schalenreste zurück. Die Kerne enthalten viel Öl und Protein.

Nigersaat
Diese ölhaltigen, nahrhaften Samen für Stieglitze, Erlen- und Birkenzeisige müssen in speziellen Futterspendern angeboten werden, weil sie sehr klein sind.

Unkomplizierte Mischung
Die Mischung aus geschälten Sonnenblumenkernen, Maisschrot, Weizen und Kanariensaat eignet sich für alle Futterspender.

Mischung für Futterspender
Dies ist eine nahrhafte Mischung aus schwarzen und gestreiften Sonnenblumenkernen, Weizen und Kanariensaat.

Spezielle Mischung für Futterspender
Diese Mischung enthält geschälte und ungeschälte Sonnenblumenkerne, Weizen, Hirse und Kanariensaat.

Ungeschälte Sonnenblumenkerne
Kerne mit Schale sind preiswerter. Man kann sie auf Vogeltischen und in Futterspendern anbieten.

Mischung für Futtertische
Darin sind schwarze und gestreifte sowie geschälte Sonnenblumenkerne, Maisschrot, Weizen und Hafer enthalten.

Spezielle Mischung für Futtertische
Weil diese energiereiche Mischung viele kleine und geschälte Samen wie Sonnenblumenkerne, Hafer und Hirse enthält, können Vögel sie leicht verspeisen.

Für die Fütterung am Boden
Die Mischung aus geschälten Sonnenblumenkernen, Rosinen, Weizen und Maisflocken ist für Vögel geeignet, die ihr Futter am Boden suchen.

»

Talg und Fett

Hochwertiges und energiereiches Winterfutter für Vögel enthält Fett und Talg.
Hierzu gehören Meisenknödel und andere Vogelkuchen auf Fettbasis ebenso
wie Pellets und sonstige Knabbereien mit Beimischungen.

Vogelkuchen aus Talg
*Solche Vogelkuchen können
Sie in speziellen hängenden
Futterspendern ausbringen.*

Meisenknödel
*Sie können die
Meisenknödel einzeln
aufhängen oder mehrere
gleichzeitig in geeignete
Futterspender füllen.*

Talgpellets
*Futterpellets werden
mit Körnern, Beeren,
Mehlwürmern oder
anderen Insekten
angeboten. Sie eignen
sich gut für Futterspender.*

Insekten und Würmer

Mehlwürmer, Wachsmottenlarven und andere Insekten, aber auch
Regenwürmer sind lebend oder getrocknet erhältlich. Sie sind eine
nährstoffreiche Beilage zu den Futtermischungen aus Sämereien.

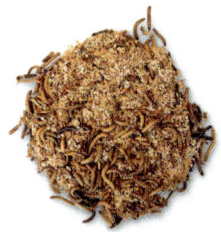

Lebende Mehlwürmer
*Die Käferlarven sind gut zu handhaben
und eine hervorragende Eiweißquelle für
Jungvögel.*

Getrocknete Mehlwürmer
*Sie sind ebenso hochwertig
wie lebende Mehlwürmer,
enthalten jedoch wenig
Feuchtigkeit. Weichen Sie sie
daher vor dem Verfüttern in
warmem Wasser ein oder
besprühen Sie sie.*

Nahrhafte Mischung
*Die Mischung aus
getrockneten Mehl-
würmern und Bach-
flohkrebsen kann gut
auf dem Vogeltisch
oder direkt am Boden
verfüttert werden.*

Noch mehr Futter

Auf der Speisekarte für Ihre Gartenvögel stehen nicht nur die im Handel erhältlichen Mischungen. Auch manch anderes aus der Küche können Sie ihnen anbieten. Bedenken Sie jedoch immer, wie sich die Nahrung auf andere Tiere auswirkt, die Ihren Garten besuchen. Hier finden Sie verschiedene Anregungen, um das Futterspektrum zu erweitern.

Blaumeise am Futterspender
Eine halbe Kokosnussschale, gefüllt mit Sämereien und Talg, lockt gute Kletterer wie Meisen an.

Frische Kokosnuss
Hängen Sie halbierte Kokosnüsse auf. Gießen Sie aber vorher die Kokosmilch gut ab, damit sich kein Schimmel bildet.

Rohe Haferflocken
Viele Vögel lieben Haferflocken. Bieten Sie aber keinen Haferbrei an, denn er kann die Schnäbel der Vögel verkleben.

Rosinen
Viele Vögel mögen Rosinen. Aber Vorsicht: Für Hunde sind Rosinen giftig!

Gekochter Reis
Reis können Sie nur dann an Vögel verfüttern, wenn er nicht gesalzen ist.

Futterspender

Wenn Sie den unterschiedlichen Ernährungsbedürfnissen Ihrer Gartenvögel gerecht werden, besuchen mehr Arten Ihren Garten. Füllen Sie die Futterspender regelmäßig auf und es werden ständig Vögel kommen, um zu fressen.

Futtertische

Auf Futtertischen können Sie Vogel-futtermischungen bereitstellen. Vogeltische sind in unterschiedlichen Ausführungen erhältlich, wesentlich ist aber ein flacher Tisch, der einen guten Abfluss haben sollte, sodass das Futter nicht feucht wird. Erhöhte Ränder verhindern, dass es fortge-weht wird. An Futtertischen können mehrere Vögel gleichzeitig fressen.

Da sie erhöht sind, bieten sie Schutz vor Katzen. Sie können die Vögel so außerdem besser beobachten. Vögel fühlen sich an Futtertischen sicher, denn sie können sehen, wenn sich Fressfeinde nähern.

Futtertisch am Boden
Sowohl am Boden fressende Arten als auch solche, die auf höherem Niveau Nahrung suchen, wie diese Blau- und Kohlmeisen, besuchen niedrige Futtertische.

Überdachter Futtertisch
Dieser Futtertisch hat einen kräftigen Ständer und ein Dach, das das Futter trocken hält.

Futterspender am Boden

Vögeln, die mit Futtertischen und hängenden Futterspendern nicht gut zurecht kommen, sollten Sie Futter am Boden anbieten. Singdrosseln und Heckenbraunellen zum Beispiel sind Arten, die erhöhte Futterspender selten besuchen. Auch Arten wie Zaunkönige, die zu scheu sind, um andere Fütterungen zu besuchen, nehmen Futter meist nur am Boden an.

Sie können das Futter direkt auf dem Boden ausstreuen, aber es verschmutzt schnell, und außerdem werden Ratten und Mäuse angelockt. Spezielle niedrige Vogeltische schaffen Abhilfe.

Geschützter Futtertisch
Ein aufklappbarer Gitterkäfig über einem Futtertisch am Boden schützt die Vögel vor Katzen und anderen Fressfeinden.

AUF HYGIENE ACHTEN

Entfernen Sie regelmäßig altes Futter von Vogeltischen und vom Boden darunter. Säubern Sie alles mit einem milden Reinigungsmittel, sodass sich keine Abfälle ansammeln.

Hängende Futterspender

Vögel halten sich bei der Nahrungssuche natürlicherweise in Bäumen und Büschen auf, deshalb bereiten hängende Futterspender vielen Arten keine Schwierigkeiten.

In hängenden Futterspendern ist das Futter vor Nagetieren geschützt; auch Fressfeinde können die Vögel dort schlecht angreifen. Röhrenförmige Futtersäulen eignen sich hervorragend für Samen. Sie haben meist mehrere Öffnungen, an denen sich die Vögel beim Fressen niederlassen und festhalten können.

Einige Futterspender sind so konstruiert, dass Sie sie auf einem Pfosten montieren können, wenn kein Platz für ein hängendes Modell vorhanden ist. Am Pfosten können Tabletts für herabgefallene Samen

AUF HYGIENE ACHTEN

Säubern Sie Ihre Futterspender regelmäßig mit einem milden Reinigungsmittel und einer Bürste. Wechseln Sie auch von Zeit zu Zeit den Platz, dann sammeln sich unterhalb keine Abfälle an.

befestigt werden. Andere Typen sind Käfige in verschiedenen Formen, die Sie einfach mit Vogelkuchen oder Meisenknödeln befüllen können.

Futtersäule
Der Futterspender rechts hat zahlreiche Ansitze und Öffnungen. So können mehrere Vögel gleichzeitig fressen – hier Grünfinken und Kohlmeisen.

Futterspender für Nigersaat
Die winzigen Samen bieten Sie am besten in einem Spender mit kleinen Öffnungen an, damit weniger Körner herausfallen.

Spezielle Futterspender

Auch Eichhörnchen besuchen gerne die Futterspender für Vögel. Nicht selten beschädigen sie dabei vor allem Modelle aus Holz mit ihren scharfen Nagezähnen. Hier hilft es, spezielle Spender aufzuhängen, die von einem Drahtkäfig umgeben sind.

Mit Plastik überdachte Fütterungen und Manschetten um den Ständer erschweren es Eichhörnchen ebenfalls, an das Futter zu gelangen.

Sowohl unter Vogeltischen auf Ständern als auch unter hängenden Futterspendern können Sie Tabletts aufstellen; so wird das Futter nicht

Spender am Fenster
Dieser Spender lässt sich schnell an jedem Fenster befestigen. So können Sie die Vögel beim Fressen gut beobachten.

Geschützter Futterspender
Der Drahtkäfig um diesen Futterspender hält Eichhörnchen ab. Kleine Vögel wie Blaumeisen können jedoch trotzdem problemlos ans Futter gelangen.

verstreut und die Vögel haben eine zusätzliche Futterstation. Spezielle Spender für Nigersaat (siehe S. 48) locken auch die farbenprächtigen Stieglitze und andere Finken in Ihren Garten.

Futterspender platzieren

Planen Sie genau die richtige Stelle.

Die richtige Stelle
Wenn Sie ein wenig planen, können Sie mehrere Typen von Futterspendern in Ihrem Garten verteilen. Wenn ein Spender bei den Vögeln wenig beliebt ist, probieren Sie eine andere Stelle aus.

Wohin?

Überlegen Sie, wo Sie die Futterspender in Ihrem Garten am besten aufstellen. Die Vögel müssen das Futter leicht finden können und gleichzeitig vor Fressfeinden sicher sein. Sie selbst wollen die Vögel gut beobachten können ohne sie zu stören. Bedenken Sie dies, bevor Sie den Futterspender aufstellen.

Vögel müssen einen guten Rundumblick haben, denn sie könnten von einer Katze oder einem Sperber überrascht werden, während sie mit dem Fressen beschäftigt sind. Sie brauchen auch Deckung in der Nähe, in die sie notfalls fliehen können. Ideal ist es, Futtertische nicht mehr als 2–3 m von einer Deckung entfernt aufzustellen.

Vogeltische können Sie auch an Ketten an den Ästen von Bäumen befestigen.

Scheue Arten wie Heckenbraunellen besuchen niedrige Spender in der Nähe einer Deckung.

An der Mauer
Futtertische wie dieser können an einer Mauer befestigt werden. Sie sollten sich nicht zu nahe an einem Dach befinden, auf dem Katzen lauern könnten.

LEGENDE

- ☐ Spender am Boden
- ☐ Futtertisch
- ☐ Hängender Spender

Ein Spender am Boden unter einem Drahtkäfig sollte exponiert stehen, sodass die Vögel Fressfeinde nahen sehen.

Stellen Sie einen Futtertisch nahe am Haus auf, um die Vögel gut beobachten zu können.

Spender auf Pfosten lassen sich leicht versetzen. Testen Sie verschiedene Orte.

Hängende Spender so an Baumästen befestigen, dass Fressfeinde sie nicht erreichen.

Natürlicher Spender
Futter, in die Risse eines Holzscheits gestrichen, ergibt einen rustikalen Futterspender.

GEFAHR AN DER FUTTERSTELLE

Katzen töten jedes Jahr Tausende von Gartenvögeln. Sie können zur Sicherheit Ihrer Gartenvögel beitragen, indem Sie sorgfältig bedenken, wo Sie die Futterspender aufstellen. Geräte, die Ultraschall aussenden, und dornige Büsche halten Katzen fern.

Natürlicher Feind
Hängen Sie ein kleines Warn-Glöckchen an das Halsband Ihrer Katze.

Futter selbst herstellen

Sie können gekauftes Vogelfutter mit selbst gemachtem Futter ergänzen. Obstreste werden gern angenommen. Bedenken Sie dies, bevor Sie sie zum Kompost geben.

Vogelkuchen selber machen

Sie können für Ihre Gartenvögel Vogelkuchen ganz einfach selber machen. Mischen Sie Samen, zerkleinerte Erdnüsse und kleine Fruchtstücke mit geschmolzenem Kokosfett oder ausgelassenem Rinder- oder Hammeltalg in einem Topf oder einer Pfanne. Formen Sie daraus Kugeln, Stangen und Kuchen und nehmen Sie Formen zur Hilfe.

Lassen Sie den Kuchen abkühlen und hängen Sie ihn an einen Haken oder in einen Futterkäfig.

Schneller Futterspender
Streichen Sie Vogelkuchenmischung in hängende Holzscheite.

Keine Küchenabfälle

Früher wurden Küchenabfälle wie Brot, Kuchen, Käse oder Schinkenrinde gern an Vögel verfüttert. Viele dieser Reste sind jedoch ungeeignet und können den Vögeln schaden *(siehe auch unten)*. Verdorbene oder gewürzte Nahrung dürfen Sie auf keinen Fall anbieten und

Wertvolles Futter
Prüfen Sie sorgfältig, welche Küchenabfälle Sie Ihren Gartenvögeln anbieten (siehe Abb. rechts).

die meisten Arten vertragen kein salzhaltiges Futter wie gesalzene Erdnüsse. Getrockneter Reis oder Kokosflocken quellen im Vogeldarm auf, was fatale Folgen haben kann. Wenn ungesättigte Fettsäuren in Margarine oder Pflanzenöl mit dem Gefieder in Berührung kommen,

Brot ist ungeeignet
Dieses Rotkehlchen pickt an altem Weißbrot. Da Brot im Magen der Vögel aufquillt, sollte es jedoch nicht verfüttert werden.

kann es seine Wasser abweisenden Eigenschaften verlieren und der Vogel erfrieren.

Schinkenreste
Schinkenrinde ist salzhaltig und deshalb als Nahrung für Vögel nicht geeignet.

Käse
Auch Käse ist salzig und sollte nicht verfüttert werden, da die Vögel durstig werden.

Kartoffeln
Gekochte Kartoffeln werden schnell schlecht, sodass sich Krankheitserreger verbreiten können.

Kuchen
Kuchenreste sind für Vögel eine unnatürliche Nahrung und wie Brot ungeeignet.

Reis
Gekochter Reis wird von Haussperlingen gern genommen, darf aber auf keinen Fall gewürzt sein.

Obst
Äpfel und Birnen sind beliebt, sollten aber immer unzerkleinert angeboten werden.

Wasser

Häufig füttern wir zwar unsere Gartenvögel, vergessen dabei jedoch oft, dass Wasser genauso wichtig ist. Vögel müssen regelmäßig trinken und baden, um ihr Gefieder in gutem Zustand zu erhalten.

Sauber bleiben
Es ist sehr unterhaltsam, Vögel wie diesen Eichelhäher beim Baden zu beobachten.

Trinken

Vögel brauchen das ganze Jahr über Zugang zu sauberem Wasser. Natürliche Quellen können in heißen Sommern versiegen und im Winter kann eine Eisschicht die Wasserquellen bedecken. Zu diesen Zeiten ist es besonders wichtig, Wasser bereit zu stellen.

Baden

Vögel müssen ihr Gefieder frei von Staub und Schmutz halten, denn nur so bleibt die Flugfähigkeit erhalten. Wenn das Federkleid allerdings zu nass wird, können sie nicht fliegen und sind Fressfeinden ausgeliefert. Um dies zu vermeiden, besprengen sie sich nur mit Wasser.

Wasser bereitstellen

Ein Vogelbad ist eine attraktive Bereicherung Ihres Gartens. Sie können aber auch Untersetzer von Blumentöpfen auf den Boden stellen oder einen Gartenteich anlegen. Stellen Sie sicher, dass die Vögel einen Rundumblick haben, und verwenden Sie flache Gefäße. Stellen Sie nur sauberes, frisches Wasser bereit und wechseln Sie es regelmäßig. Reinigen Sie das Vogelbad nicht mit Chemikalien und tauen Sie im Winter die Eisdecke mit heißem Wasser auf.

Leichter Zugang
Seichte Ränder ermöglichen es Vögeln zu trinken, während sie mit den Beinen auf festem Untergrund stehen.

In Sicherheit baden
In einem erhöhten Vogelbad sind Vögel vor Katzen sicher und Sie können sie besser beobachten.

Nistkästen

**Sie können Ihren Gartenvögeln zusätzliche Nistgelegen-
heiten schaffen, indem Sie ihnen Nistkästen als wertvollen
Ersatz für natürliche Nistplätze wie Löcher in alten Bäumen
oder Hecken anbieten.**

Offene Nistkästen

Es gibt zwei Haupttypen von
Nistkästen, die von unterschiedlichen Vogelarten
angenommen werden. Um
sicher zu gehen, dass Vögel
die Kästen annehmen,
sollten Sie beobachten,
welche Arten Sie regel-
mäßig in und um Ihren
Garten sehen.

   Der erste Nistkastentyp
ist vorne offen, entweder
zur Hälfte oder vollstän-
dig. Dieser Typ wird von
Rotkehlchen, Zaunkönigen und
Grauschnäppern angenommen,
seltener von Amseln.

Sicherer Nistplatz
*Bei dieser Bauweise wurde die Frontseite
fast zur Hälfte offen gelassen, sodass
Vögel leicht ein- und ausfliegen können.*

Offene Nistkästen sind gut durchlüftet und leicht zu reinigen. Sie bieten Vögeln einen sicheren Platz, wo sie ihre Jungen großziehen und ruhen können.

Geschlossene Nistkästen

Nistkästen mit einem Einflugloch sind bei Blau- und Kohlmeisen beliebt, denn sie ahmen die Baumlöcher nach, in denen sie natürlicherweise nisten. Die Größe des Einfluglochs hängt von der Vogelart ab: 25 mm ist etwa der geeignete Durchmesser für Blaumeisen, 45 mm für Stare und 150 mm für Waldkäuze. Auch andere Arten wie Kleiber, Tannenmeisen und Haussperlinge

Klassischer Kasten
Je nach Größe beziehen unterschiedliche Arten den Nistkasten. Haussperlinge bevorzugen solche klassischen Kästen.

nehmen regelmäßig Nistkästen mit Einflugloch an.

Weitere Modelle

Zu den neueren Nisthilfen gehören Nester für Mehlschwalben, die unter Dachvorsprüngen angebracht werden und solche für Rauchschwalben, die in Gebäuden wie Scheunen und Ställen nisten.

Für die in Kolonien nistenden Haussperlinge sind Gemeinschaftskästen geeignet.

Praktische Reinigung
Die Vorderfront kann entfernt und der Kasten nach der Brutsaison einfach gereinigt werden.

Gut eingewachsen
Dieser Nistkasten hat ein Einflugloch mit 25 mm Durchmesser, das für Blaumeisen ideal ist. Er wurde so befestigt, dass er mit Efeu getarnt ist.

AUF HYGIENE ACHTEN

Reinigen Sie den Nistkasten ab Ende August, wenn die Vögel nicht mehr brüten. Entfernen Sie alte Nester und bürsten Sie ihn gründlich aus oder verwenden Sie heißes Wasser. Lassen Sie ihn anschließend völlig austrocknen.

Nistkästen bauen

Einen Nistkasten für Ihren Garten zu bauen ist einfach und macht Spaß. Sie werden reichlich für Ihre Arbeit belohnt, wenn Sie entdecken, dass Ihr Kasten von einer Vogelfamilie angenommen wurde.

Selbst gemacht

Sie können recht einfach einen offenen Nistkasten oder einen mit einem Einflugloch bauen. Auf der gegenüber liegenden Seite finden Sie eine Bauanleitung.

Die Baumaterialien sind Holz, rostfreie Nägel und Schrauben und ein Scharnier oder Streifen aus Gummi für den Deckel.

Der Durchmesser für das Einflugloch muss für verschiedene Arten unterschiedlich groß sein: 25 mm für Blau- und Tannenmeisen; 28 mm für Kohlmeisen; 32 mm für Haussperlinge; 45 mm für Stare; 50 mm für Buntspechte.

Die Innenwand des Kastens unter dem Einflugloch sollte eine raue Oberfläche haben, sodass sich die Jungvögel festhalten können, wenn es Zeit ist, den Kasten zu verlassen.

Richten Sie die Öffnung nach Osten bis Südosten aus, sodass die Sonneneinstrahlung nicht zu stark ist, und kippen Sie ihn leicht nach vorn, damit Regenwasser abfließen kann. Kästen mit einem Einflugloch sollten in 2–4 m Höhe aufgehängt werden.

Je nach Vogelart
Offene Kästen sollten Sie für Grauschnäpper in einer Höhe von 2–4 m anbringen, für andere Vogelarten tiefer als 2 m.

Natürliches Zuhause
Ihr Nistkasten wird bald einwachsen und zu einem selbstverständlichen Bestandteil Ihres Gartens werden (links).

EINEN NISTKASTEN BAUEN

Schneiden Sie die Holzbretter nach den angegebenen Maßen zu. Markieren Sie das Einflugloch mit einem Zirkel und sägen Sie es vorsichtig aus. Die Metallplatte hält Fressfeinde ab. Verwenden Sie 38 mm lange rostfreie Schrauben und Nägel und lassen Sie das Holz für den Kasten unbehandelt.

Materialien

❶ 15 mm dicke Bretter aus Fichte, Tanne oder Buche

❷ Metallplatte, um das Einflugloch zu verstärken

❸ Metallscharnier aus wasserfestem Material

Befestigen Sie ein Scharnier am Deckel. Sägen Sie die hintere Kante des Deckels schräg ab, sodass er dicht mit der Rückseite abschließt.

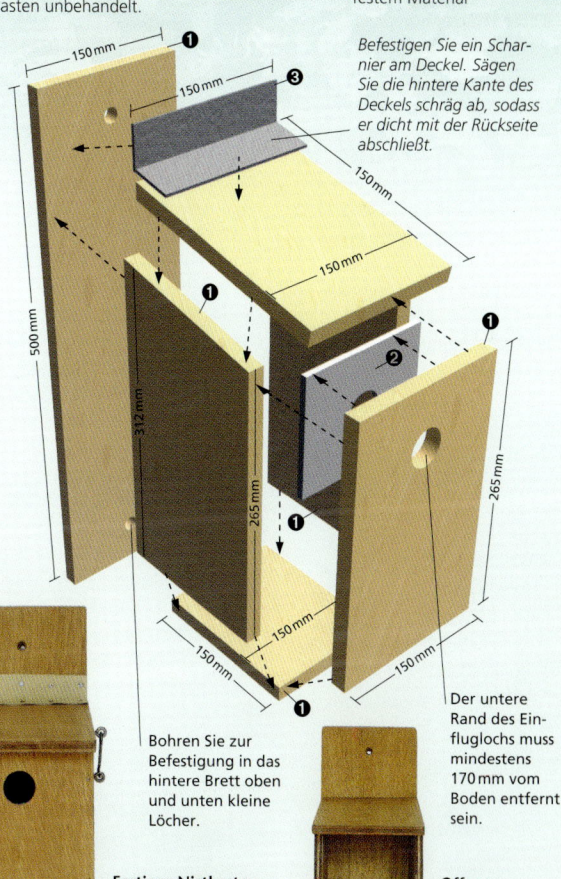

150 mm ❶
150 mm ❸
150 mm
150 mm
❶
❷
❶
500 mm
312 mm
265 mm
❶
❶
265 mm
150 mm
150 mm
150 mm
❶

Bohren Sie zur Befestigung in das hintere Brett oben und unten kleine Löcher.

Der untere Rand des Einfluglochs muss mindestens 170 mm vom Boden entfernt sein.

Fertiger Nistkasten
Befestigen Sie den Kasten mit je einer Schraube oben und unten an einem Baum. Sichern Sie den Deckel mit Haken.

Offener Nistkasten
Befestigen Sie ein Brett, das die Vorderfront nur zur Hälfte abschließt.

Gefahren für die Vögel

Auf dem Land sind viele Vögel durch den Verlust ihrer natürlichen Lebensräume bedroht; zudem lauern ihnen verschiedene Fressfeinde auf. Auch im Garten sind die Vögel natürlich nicht in Sicherheit, aber Sie können Ihren Garten so gestalten, dass sie weniger Gefahren ausgesetzt sind.

Vermindern Sie Gefahren

Einige Gartenvögel werden immer seltener, unter ihnen auch Arten, die früher sehr häufig anzutreffen waren. Die Gründe dafür sind vielfältig, von kalten, regnerischen Sommern, in denen viele Jungvögel im Nest nicht überleben, bis hin zu allzu ordentlichen, ausgeräumten Gärten.

Was Sie dagegen tun können? Füttern Sie Ihre Gartenvögel und pflanzen Sie Bäume und Sträucher, die ihnen natürliche Nahrung bieten.

Aber sorgen Sie vor allem dafür, dass Ihre gefiederten Freunde geschützte Nistplätze finden, und vermindern Sie das Risiko, dass sie von Fressfeinden erbeutet werden. Zwar werden Sie nicht verhindern können, dass einige Ihrer Gartenvögel natürlichen Feinden zum Opfer fallen, aber das gehört zum Kreislauf der Natur.

Mögliche Gefahren

Hauskatzen erbeuten immer wieder Gartenvögel. Sind in Ihrem Garten Katzen unterwegs, dann bieten Sie auf keinen Fall Vogelfutter am Boden an. Stellen Sie vielmehr Vogeltische so auf, dass Katzen nicht hinaufgelangen können, und bringen Sie Futterspender außerhalb deren Reichweite an. Dornige Büsche unter den Spendern halten Katzen auch fern. Hängen Sie Nistkästen immer katzensicher auf.

Auch Sperber fangen gerne kleinere Vögel, aber Sie sollten sie nicht vertreiben,

In sicherer Höhe
Bringen Sie Nistkästen so hoch an, dass Katzen den Vogeleltern nicht gefährlich werden können.

Unterm Giebel
Lassen Sie Mehlschwalben ihre Schlammnester unterm Giebel bauen – Sie werden Ihre Freude haben.

**Räuber auf
leisen Pfoten**
*Nistkästen und Futter-
spender müssen für Katzen
unerreichbar angebracht werden.
Ein Glöckchen am Halsband warnt
die Vögel vor dem Raubtier.*

denn Greifvögel sind ein Zeichen dafür, dass der Lebensraum intakt ist. Sie finden sich nur bei großen und stabilen Vogelpopulationen ein und töten nicht mehr, als sie und ihre Jungen benötigen. Installieren Sie Ihre Futterspender mit Bedacht; so können Sie verhindern, dass Ihre Gartenvögel allzu leichte Beute werden *(siehe S. 50)*.

Werden Futterspender und Vogeltische nicht regelmäßig gereinigt, können sich Krankheitserreger in der Vogelpopulation verbreiten. Auch das Ausbringen von Pestiziden schadet der Vogelwelt, denn die Insektennahrung liefert lebenswichtiges Eiweiß.

In der Brutzeit von März bis September ist es nicht erlaubt, Bäume zu fällen oder Hecken und Bäume zu stark zu beschneiden. Den genauen Zeitraum regeln die örtlichen Gemeinden. Machen Sie auch Ihre Nachbarn darauf aufmerksam.

Auf Pestizide verzichten
*Bringen Sie keine Insekten-
vernichtungsmittel im Garten
aus. Vögel sind ganz natürliche
»Schädlingsbekämpfer«!*

Kleine Gärten

Auch kleinere Gärten können Vögeln einen vielfältigen Lebensraum mit reichlich Nahrung bieten. Sogar den kleinsten Garten können Sie so gestalten, dass sich während des ganzen Jahres Vögel einfinden.

Platz nutzen

In der Stadt können Sie den begrenzten Raum gut nutzen, indem Sie Sträucher und Kletterpflanzen an Zäune und Mauern pflanzen. Schaffen Sie mit Kübelpflanzen und Blumenampeln zusätzliche »Miniatur-wälder«. Vielfältige Strukturen im Garten sind wichtig: Pflanzen Sie einen Strauch, der viel Deckung bietet, dazu Kräuter und Wildblumen in verschiedenen Höhen. Schon bald werden Vögel Ihren Garten besuchen.

GESTALTEN UND PFLANZEN

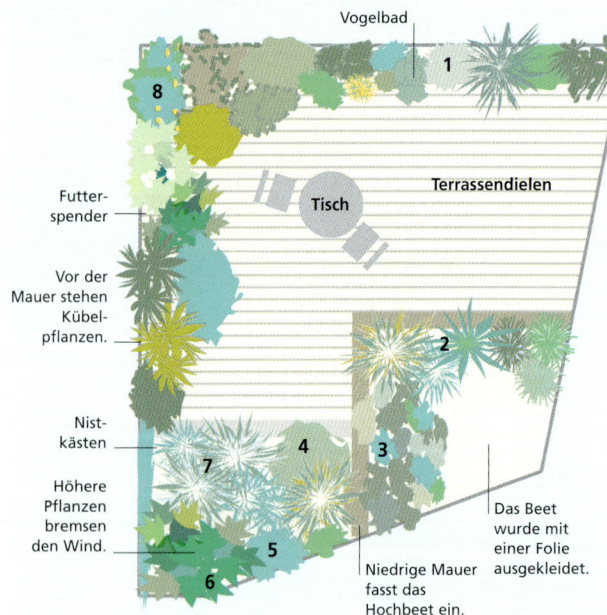

Vogelbad

1

8

Terrassendielen

Futter-
spender

Tisch

Vor der
Mauer stehen
Kübel-
pflanzen.

2

Nist-
kästen

4   3

7

Höhere
Pflanzen
bremsen
den Wind.

5

Das Beet
wurde mit
einer Folie
ausgekleidet.

6

Niedrige Mauer
fasst das
Hochbeet ein.

Vorschläge für Pflanzen

1. **Ruprechtskraut** *Geranium robertianum*
2. **Lavendel** *Lavandula angustifolia*
3. **Erdrauch** *Fumaria officinalis*
4. **Thymian** *Thymus vulgaris*
5. **Lichtnelke** *Silene dioica*
6. **Kugeldistel** *Echinops ritro*
7. **Borretsch** *Borago officinalis*
8. **Flieder** *Syringa vulgaris*

Ruprechtskraut
Die wilde Verwandte der Geranien wird im Volksmund auch »Stinkender Storchschnabel« genannt.

Echter Lavendel
Lavendel bildet Samen, die viele Vögel mögen. Pflanzen Sie eine Mischung aus hohen und niedrigen Sorten.

Gewöhnlicher Erdrauch
Die niedrige Pflanze bringt viele kleine rötliche Blüten hervor, die zahlreiche Insekten anlocken.

Echter Thymian
Thymian ist ein hervorragender Bodendecker; seine Blüten werden gerne von Insekten besucht.

Rote Lichtnelke
In Töpfen und Rabatten bietet diese Pflanze Deckung. Die roten Blüten sind für Insekten sehr attraktiv.

Kugeldistel
Die blauen Blütenstände locken Insekten an und bilden nach der Blüte jede Menge Samen.

Borretsch
Die blau blühende Pflanze gedeiht an trockenen, sonnigen Stellen und eignet sich gut für kleine Gärten.

Gewöhnlicher Flieder
Der duftende Strauch bietet Deckung und kann so beschnitten werden, dass er auch in kleinere Gärten passt.

Stadtgärten

Für die Vogelwelt werden Stadtgebiete immer wichtiger. Wenn Sie Ihren Stadtgarten vogelfreundlich anlegen, können Sie bis zu 20 Arten anlocken. Bieten Sie möglichst viele Strukturen, sodass sich zu allen Jahreszeiten Vögel einfinden.

Grüne Rückzugsgebiete

Bedenken Sie, dass sich Gartenvögel dort einfinden, wo ausreichend Deckung, Nahrung und Wasser vorhanden sind. Ein Baum bietet geeignete Sitzplätze; Sträucher, die Beeren oder andere Früchte tragen, stellen im Herbst und Winter Nahrung bereit. Pflanzen mit nektarreichen Blüten locken Insekten an; Wildblumen bilden im Herbst und Winter Samen. Schneiden Sie die Pflanzen nicht zurück, bevor sich Samen oder Beeren gebildet haben.

GESTALTEN UND PFLANZEN

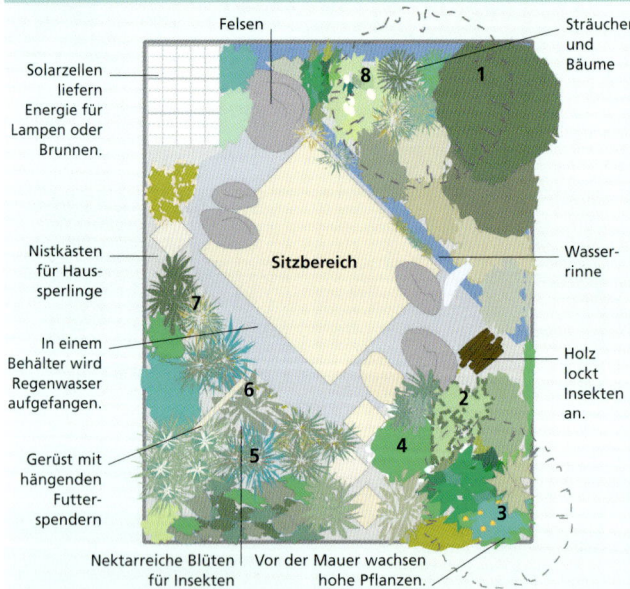

Felsen

Sträucher und Bäume

Solarzellen liefern Energie für Lampen oder Brunnen.

Nistkästen für Haussperlinge

In einem Behälter wird Regenwasser aufgefangen.

Gerüst mit hängenden Futterspendern

Sitzbereich

Wasserrinne

Holz lockt Insekten an.

Nektarreiche Blüten für Insekten

Vor der Mauer wachsen hohe Pflanzen.

Vorschläge für Pflanzen

1. **Zierapfel 'John Downie'**
   Malus 'John Downie'

2. **Margerite**
   Leucanthemum vulgare

3. **Sonnenblume** *Helianthus annuus*

4. **Brennnessel** *Urtica dioica*

5. **Kornblume** *Centaurea cyanus*

6. **Fetthenne** *Sedum spectabile*

7. **Spornblume** *Centranthus ruber*

8. **Brombeere** *Rubus fruticosus*

Zierapfel 'John Downie'
Die kleine Ziersorte lockt Insekten an und bietet Nistgelegenheiten. Amseln und Drosseln lieben die Äpfel.

Frühblühende Margerite
Margeriten wachsen nur mäßig hoch und bringen Struktur in eine Rabatte. Sie locken Insekten in den Garten.

Gewöhnliche Sonnenblume
Vögel picken gerne die reifen Sonnenblumenkerne. Man kann sie auch sammeln und im Winter verfüttern.

Große Brennnessel
Manche Schmetterlingsarten legen ihre Eier auf Brennnesseln ab. Lassen Sie einige in einer Ecke wachsen.

Kornblume
Kornblumen sind eine gute Wahl für Stadtgärten, denn Stieglitze fressen im Sommer die Samen.

Schöne Fetthenne
Die niedrigwüchsige Pflanze passt gut in Rabatten; sie lockt Schmetterlinge und Bienen an, die den Nektar lieben.

Rote Spornblume
Spornblumen bringen Farbe und Leben in Rabatten, denn sie werden von vielen Insekten besucht.

Brombeere
Brombeeren bieten Deckung und tragen im Herbst Früchte. Beschneiden Sie sie, damit sie nicht wuchern.

Vorstadtgärten

Gärten in den Vorstädten sind für die Vogelwelt eine Art Verbindung zu ihren nahe gelegenen Lebensräumen auf dem Land. Ein vogelfreundlich gestalteter Vorstadtgarten wird von vielen unterschiedlichen Arten besucht.

Garten am Stadtrand

Eine Hecke ist ein wesentlicher Bestandteil eines vogelfreundlichen Gartens, denn sie bietet Deckung und Nistgelegenheiten. Noch besser als Liguster schützt der stachelige Weißdorn. Efeu ist ein Muss, da er den Vögeln gute Verstecke bietet. Legen Sie einen Teich mit Wasserpflanzen an, in dem die Vögel baden und trinken können. Lassen Sie Gräser und Wildblumen in einer Gartenecke hoch wachsen, sodass sie Samen ausbilden können.

GESTALTEN UND PFLANZEN

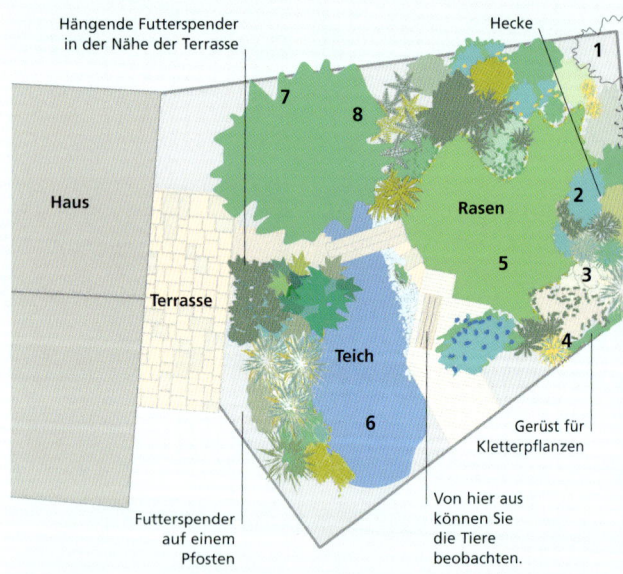

Hängende Futterspender in der Nähe der Terrasse

Hecke

1

7

8

Haus

2

Rasen

5

3

Terrasse

4

Teich

6

Gerüst für Kletterpflanzen

Futterspender auf einem Pfosten

Von hier aus können Sie die Tiere beobachten.

Vorschläge für Pflanzen

1. **Eberesche** *Sorbus aucuparia*
2. **Liguster** *Ligustrum vulgare*
3. **Efeu** *Hedera helix*
4. **Geißblatt** *Lonicera periclymenum*
5. **Veilchen** *Viola odorata*

6. **Wasserfeder oder Froschlöffel**
   Hottonia palustris oder
   Alisma plantago-aquatica
7. **Stechpalme** *Ilex aquifolium*
8. **Weißdorn** *Crataegus monogyna*

Eberesche (Vogelbeere)
*Eine gute Wahl, wenn Sie genügend
Platz für einen Baum haben; Vögel
fressen im Winter gerne die Beeren.*

Gewöhnlicher Liguster
*Liguster bietet während des ganzen
Jahres Deckung. Er blüht im Sommer
und lockt dann Insekten an.*

Gewöhnlicher Efeu
*Efeu rankt Zäune und Mauern empor
und bietet Deckung, Nistplätze, Früchte
und Blüten, die Insekten anlocken.*

Wald-Geißblatt
*Die Pflanze wächst an Zäunen und
Mauern empor. Beschneiden Sie so,
dass sie buschig wird und Deckung bietet.*

März-Veilchen
*Veilchen wachsen im Rasen. Ihre
nektarreichen Blüten werden von
zahlreichen Insekten besucht.*

Wasserfeder und Froschlöffel
*Teile dieser Sumpfpflanzen ragen über
die Wasseroberfläche. Sie eignen sich
gut für kleinere Teiche.*

Gewöhnliche Stechpalme
*Stechpalmen bieten während des ganzen
Jahres Deckung und Nistgelegenheiten.
Die Beeren reifen im Herbst.*

Eingriffliger Weißdorn
*Der stachelige Strauch bietet Deckung
und Nistgelegenheiten; im Herbst trägt
er rote Beeren, die Drosseln verspeisen.*

Gärten auf dem Land

Indem Sie Teiche, Rasenflächen und geeignete Blumenrabatten anlegen, können Sie Ihren Garten in ein kleines Naturschutzgebiet verwandeln. Pflanzen Sie möglichst viele verschiedene Bäume und Sträucher.

Naturnahe Gärten

Schaffen Sie Deckung, indem Sie Hecken aus einheimischen Sträuchern und mindestens zwei Baumarten pflanzen. Legen Sie Ihren Teich so groß wie möglich an. Ein Ufer sollte flach sein, sodass Vögel hier trinken können. Ideal ist es, wenn die Wasseroberfläche mit vielen Teich- und Seerosenblättern bedeckt ist. Achten Sie darauf, dass die Pflanzen in Ihren Rabatten zu verschiedenen Zeiten blühen, sodass Insekten das ganze Jahr über Nektar finden.

GESTALTEN UND PFLANZEN

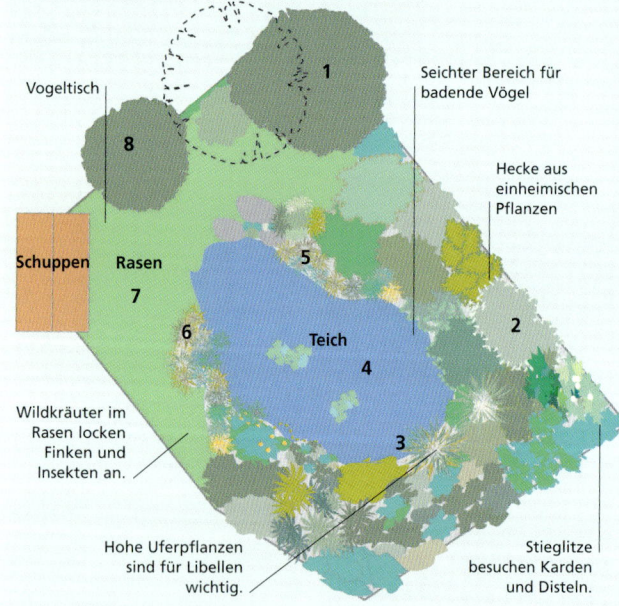

Vogeltisch

1

Seichter Bereich für badende Vögel

8

Hecke aus einheimischen Pflanzen

Schuppen   Rasen

5

7

6   Teich   2

4

Wildkräuter im Rasen locken Finken und Insekten an.

3

Hohe Uferpflanzen sind für Libellen wichtig.

Stieglitze besuchen Karden und Disteln.

Vorschläge für Pflanzen

1. **Hasel** *Corylus avellana*
2. **Buche** *Fagus sylvatica*
3. **Weiderich** *Lythrum salicaria*
4. **Seerose** *Nymphaea alba*
5. **Fingerhut** *Digitalis purpurea*
6. **Schlüsselblume** *Primula veris*
7. **Günsel** *Ajuga reptans*
8. **Traubenkirsche** *Prunus padus*

Gewöhnliche Hasel
Haselsträucher können Sie einzeln oder in einer Hecke pflanzen. Im Frühjahr tragen sie hübsche Kätzchen.

Rotbuche
Buchen bilden dichte Hecken, in denen Vögel nisten und ruhen. Die Blätter bleiben bis in den Winter hängen.

Blut-Weiderich
Die hohe Pflanze bietet Vögeln am Rand eines Teichs Sitzplätze. Die Blütenstände locken Insekten an.

Weiße Seerose
Die Schwimmblätter der Seerose sollten mindestens die Hälfte der Wasseroberfläche bedecken.

Roter Fingerhut
Diese robuste, hohe Pflanze eignet sich für größere Rabatten. Die bunten Blüten locken Bienen an.

Echte Schlüsselblume
Die hübschen niedrigen Schlüsselblumen locken bereits früh im Jahr die ersten Insekten an.

Kriechender Günsel
Günsel lockert mit seinen blauvioletten Blüten Rasenflächen auf und lockt Insekten an.

Gewöhnliche Traubenkirsche
Dieser Baum bietet im Herbst und Winter Früchte, ist aber während des ganzen Jahres wertvoll und attraktiv.

Vögel bestimmen

Hinweise darauf, welche Arten
Ihren Garten besuchen, geben Ihnen
Größe, Körperbau und Gefieder sowie
Verhalten, Gesänge und Jahreszeit.

Anatomie

Wenn Ihnen der Körperbau der Vögel vertraut ist, werden Sie die Vögel in Ihrem Garten besser bestimmen können. Das Beobachten macht so noch mehr Freude.

Der Vogelkörper

In ihrem Körperbau sind Vögel hervorragend an das Fliegen angepasst. Vögel haben ein stabiles, aber leichtes Skelett, ein Federkleid aus tausenden von Federn unterschiedlichen Typs und eine kräftige Flugmuskulatur. Der Vogelschnabel ist wesentlich leichter als kräftige Kieferknochen mit Zähnen. Viele

Flügelspitze

Flügel

Flanke

Achselfedern

Handschwingen

Armschwingen

Bürzel

Schwungfedern
Die Hand- und Armschwingen sind kräftig und steif, sodass der Vogel Vor- und Auftrieb erzeugen kann. Das Gleiche gilt für die Schwanzfedern, die im Flug dazu beitragen das Gleichgewicht zu halten.

Schwanz

Steiß

Krallen

Unterschwanz

der Knochen sind hohl und daher besonders leicht. Wabenartige Knochenstreben verleihen ihnen Stabilität.

Vögel verbringen viel Zeit auf dem Boden und müssen flink zu Fuß sein. Gartenvögel können sich mit ihren kräftigen, zum Greifen ausgebildeten Füßen und Zehen in Büschen oder Bäumen niederlassen.

Die Schnäbel sind bei den Arten je nach Ernährungsweise unterschiedlich gebaut.

Die Augen sitzen bei den meisten Vogelarten seitlich am Kopf, sodass das Blickfeld sehr groß ist und nahende Gefahren schnell wahrgenommen werden.

Gefieder

Das Federkleid erfüllt viele Aufgaben. Es wärmt den Körper, ist wasserdicht, spielt bei Balz und Tarnung eine Rolle und ermöglicht das Fliegen. Am hier abgebildeten Rotkehlchen können Sie die wichtigsten Federtypen kennen lernen.

Am hohlen Schaft der Feder setzen auf beiden Seiten die Fahnen an. Diese bestehen aus kleinen Federästen, die wiederum Haken- und Bogenstrahlen tragen, die sich wie ein Reißverschluss miteinander verhaken. Vögel ziehen bei der Gefiederpflege die Federn durch den Schnabel, um die Häkchen wieder zu schließen, und erhalten sich so ihre Flugfähigkeit.

Auge
Scheitel
Schnabel
Kinn
Kehle
Brust
Bauch
Füße

Konturfedern
Die kleineren, steifen Federn nennt man Konturfedern. Sie liegen flach an und verleihen dem Vogel die Stromlinienform. Weiche Dunenfedern darunter bilden eine isolierende Schicht.

SINNE
Eulen hören und sehen hervorragend. Sie können ihren Kopf um 270° wenden. Der Gesichtsschleier fängt Schallwellen auf und leitet sie zu den verborgenen Ohren. So kann die Eule die leisesten Geräusche von Mäusen und anderen Beutetieren wahrnehmen. Der Waldkauz besucht regelmäßig Gärten, man wird ihn aber nachts eher hören als zu Gesicht bekommen.

Gefieder und Markierungen

Das Gefieder einiger Vogelarten ist leuchtend bunt, während andere Arten ein unauffälliges, tarnfarbenes Federkleid tragen.

Wechselnde Erscheinung

Bei vielen Vogelarten ähneln sich Männchen und Weibchen stark, bei manchen sehen die Geschlechter jedoch sehr unterschiedlich aus. Bei Rotkehlchen und Zaunkönigen sind Männchen und Weibchen schwierig zu unterscheiden, anders verhält es sich bei Amseln oder Grünfinken.

Jungvögel unterscheiden sich stark von ihren Eltern. Das erste Federkleid nennt man das Jugendkleid. Im Herbst bekommen die Jungvögel dann ihr erstes Winterkleid und ähneln ihren Eltern nun viel stärker.

Vögel verändern ihr Aussehen im Jahreslauf. Manche Arten haben ein Winterkleid, das meist weniger bunt ist als das Pracht- oder Brutkleid. Letzteres bekommen die meisten Arten im Frühjahr. Im Spätsommer ist dieses Gefieder

Charakteristische Zeichnung
Der Stieglitz ist mit roten, schwarzen und weißen Bändern und den goldgelben Flügelfeldern leicht zu bestimmen.

GEFIEDERPFLEGE

Vögel müssen ihr Gefieder sehr gut pflegen, um ihre Flugfähigkeit zu erhalten. Dabei ziehen sie die einzelnen Federn durch den Schnabel und fetten sie mit Ölen aus der Bürzeldrüse ein. So bleibt das Gefieder wasserdicht. Bei der Mauser wird das alte Federkleid durch ein neues ersetzt.

Federn erkennen

Die Federn verschiedener Vogelarten unterscheiden sich stark. Mit etwas Übung können Sie einige der Federn identifizieren, die Sie in Ihrem Garten finden.

Sie bei der Bestimmung genau darauf, wo sich diese Markierungen befinden. Wichtige Merkmale sind Streifen durch das Auge und Überaugenstreife, Flügelbänder, das Muster des Kopfes, Schwanzbänder und Flecken auf dem Bürzel. Ober- und Unterseite sind oft unterschiedlich gefärbt, die Unterseite kann kräftig gezeichnet sein.

STAR

EICHEL-HÄHER

AMSEL

WALDKAUZ

abgetragen und nach der Mauser bekommen die Vögel wieder ihr Winterkleid.

Markierungen

Bei vielen Arten ist das Gefieder gemustert und weist Streifen, Flecken oder Bänder auf. Achten

Männlicher Erlenzeisig

Das Männchen des Erlenzeisigs ist zwar nicht groß, aber sein Gefieder ist hübsch schwarz, gelb und grün gezeichnet.

Schwarze Kappe

Gelbe Flügelbänder

Dunkle Streifen auf grünem Rücken

Gelbe Schwanzflecken

Größe und Gestalt

Gartenvögel unterscheiden sich im Körperbau und in der Größe. Machen Sie sich mit der Gestalt der häufigsten Gartenvögel vertraut.

Größe

Wenn Sie einen unbekannten Vogel sehen, vergleichen Sie ihn mit einem Vogel, den Sie gut kennen, wie einer Amsel. Schauen Sie, ob er kleiner, größer oder etwa genauso groß ist. Sie können ihn auch mit Gegenständen in Ihrem Garten vergleichen, um einen Anhaltspunkt für seine Größe zu bekommen.

Es dauert eine Weile, bis Jungvögel ausgewachsen sind, und manchmal sind die Geschlechter verschieden groß, wie beim Sperber.

Vergleichen Sie
Vergleichen Sie unbekannte Vogelarten mit häufigen Arten wie Amseln und Blaumeisen (unten), *um ihre Größe abschätzen zu können.*

Klassische Gestalt
An seiner aufrechten Körperhaltung und der breiten Brust ist das Rotkehlchen sofort zu identifizieren.

Bedenken Sie, dass Vögel bei Kälte ihr Gefieder aufplustern und dann größer aussehen.

Gestalt
Jede Vogelart hat eine charakteristische Gestalt. Dazu tragen die Haltung, die Bein- und Schnabellänge und auch das Verhalten bei.

Anhand dieser Merkmale können Sie Vögel einer Familie zuordnen.

Drosseln beispielsweise sind relativ schlank und haben eine aufrechte Haltung, Tauben sind gedrungen mit kleinem Kopf und Meisen klein und kompakt. Auch hier können Sie die Gestalt eines unbekannten Vogels mit einer bekannten Art vergleichen.

Regelmäßiges Beobachten
Wenn Sie Ihre Gartenvögel regelmäßig beobachten, werden Sie ihr Verhalten und ihre Gestalt kennen lernen.

Kleiner Kopf

Rundlicher Körper

Geduckte Haltung

HECKENBRAUNELLE

Kräftige Gestalt

Langer Schwanz

HAUSSPERLING

Kleiner, runder Kopf

Kräftige Brust

TÜRKENTAUBE

Kleiner, flacher Kopf

Spitze Flügel

Schmaler, gegabelter Schwanz

MAUERSEGLER

Abgerundete Schwanzspitze

Schnabel und Schwanz

Die Form des Schnabels und Schwanzes werden bei der Bestimmung herangezogen. Betrachten Sie deshalb den Vogel genau. Gartenvögel haben unterschiedlich geformte Schnäbel, je nachdem, welche Nahrung sie aufnehmen. Der Schwanz kann unterschiedlich lang und verschieden geformt sein.

Form des Schnabels

Wenn Sie die Vögel in Ihrem Garten beobachten und ihnen beim Fressen zusehen, werden Sie wahrnehmen, wie unterschiedlich die Schnabelformen verschiedener Arten sind. Mit Übung werden Sie Finken und Sperlinge an ihren kräftigen, gedrungenen Schnäbeln erkennen können, Meisen an ihren kurzen und Laubsänger an ihren schlanken Schnäbeln.

Diese Unterschiede können bei der Bestimmung hilfreich sein.

Balanceakt
Die Schwanzmeise hat einen langen Schwanz, mit dem sie das Gleichgewicht halten kann. Der winzige Schnabel weist sie als Insektenfresserin aus.

Der Schnabel eines Vogels lässt darauf schließen, was er frisst und zu welcher Familie er gehört. Sie werden keinen Grauschnäpper dabei beobachten, wie er mit seinem Schnabel in Ihrem Rasen nach Regenwürmern pickt, denn er fängt seine Beute in der Luft. Stare hingegen stochern im Gras.

FINKEN-SCHÄDEL

SPECHT-SCHÄDEL

Samenfresser
Mit dem kräftigen Schnabel lassen sich Nüsse und Samen knacken.

HARTE SAMEN

Präzisionswerkzeug
Mit seinem meißelartigen Schnabel pickt der Specht Insektenlarven aus Rinde.

KÄFER

DROSSEL-SCHÄDEL

WALDKAUZ-SCHÄDEL

Mehrzweck-Schnabel
Dieser Schnabel eignet sich zum Fressen von Früchten und verschiedene Wirbellosen.

SCHNECKENHAUS

Fleischfresser
Mit der hakenförmigen Spitze lassen sich kleine Säugetiere erbeuten.

FLEISCHFETZEN

Form des Schwanzes

Abgesehen von ihrem schwarz-weißen Gefieder ist der lange Schwanz das auffälligste Merkmal einer Elster. Viele Gartenvögel haben charakteristische Schwänze, deshalb lohnt es sich immer, sich die Form und Größe genau anzusehen.

Versuchen Sie zu erkennen, ob der Schwanz abgerundet, abgeschnitten oder gegabelt ist oder Schwanzspieße trägt wie bei Rauchschwalben. Manche Vögel halten ihren Schwanz auf charakteristische Art und Weise.

Den Nachwuchs füttern
Am feinen Schnabel des Rotkehlchens erkennt man, dass es sich vorwiegend von Insekten ernährt.

Flügelform

Wenn Sie Vögel im Flug beobachten, werden Sie bald erkennen, dass sich der Flugstil unterschiedlicher Arten stark unterscheidet. Je mehr Zeit Sie damit verbringen, Vögel zu beobachten, desto deutlicher erkennen Sie die Unterschiede. Jeder Flugstil ist charakteristisch.

Verschiedene Flügel

Je nach Lebensweise haben Vogel-arten unterschiedlich geformte Flügel. Schwalben verbringen den größten Teil ihres Lebens in der Luft und sie haben lange, spitze Flügel, mit denen sie hervorragend gleiten können. Zugvögel haben im Verhältnis zu ihrem Körper lange Flügel, denn sie müssen jedes Jahr tausende von Kilometern zurück-legen. Stand- oder Jahresvögel wie Zaunkönige und Meisen haben sehr kurze Flügel.

Im Flug können Sie die Flügel-form am besten beobachten. Schauen Sie die Flügelspitzen an – sind sie spitz oder gerundet?

Schnelle Flieger
Grünfinken haben lange Flügel und einen schnellen Flug. Hier übergibt ein Vogel einem anderen Futter.

Die Flügellänge können Sie schätzen, wenn Sie den Vogel im Sitzen beobachten. Schauen Sie, wo die Flügelspitzen im Verhältnis zum Schwanz enden.

Den Flug steuern

Manche Vögel, wie Mauersegler und Sperber, sind an eine hohe Fluggeschwindigkeit angepasst. Eulen fliegen fast lautlos, um ihre Beute überraschen zu können. Kleinere Vögel müssen schneller mit dem Flügeln schlagen. Manche größeren Vögel spreizen ihre breiten Flügel und können Aufwinde nutzen, um mit minimaler Anstrengung zu gleiten.

Im Flug
Gartenvögel haben ganz unterschiedliche Flügelformen und Flugstile. Beobachten Sie die Vögel im Flug.

Gerundete Flügel
Blaumeisen haben kurze, gerundete Flügel – typisch für Vögel, die nicht weit fliegen müssen.

Spitze Flügel
Stare haben spitze Flügel und erscheinen im Flug pfeilförmig. Schwärme koordinieren ihren Flug auf faszinierende Weise.

Schneller Flug
Straßentauben stammen von wilden Felsentauben ab. Ihre spitzen Flügel sind für schnelles Fliegen ideal.

SPECHTFLÜGEL

Spechte verbringen die meiste Zeit ihres Lebens in Baumkronen und müssen selten weite Strecken fliegen. Sie haben kurze, gerundete Flügel, mit denen sie schnell schlagen und dann eine Strecke gleiten, sodass das Flugmuster wellenförmig ist. Dieser Flugstil ist unverwechselbar.

Flügel eines Grünspechts
Die Flügel helfen, beim Klettern das Gleichgewicht zu halten.

Beobachten

Gartenvögel zu beobachten macht Spaß und ist lehrreich. Wenn Sie Ihren Garten vogelfreundlich gestaltet haben, werden Sie nun mit einem faszinierenden Schauspiel belohnt.

Grundausrüstung

Für Ihre Bemühungen Ihren Garten vogelfreundlich zu gestalten, werden Sie reichlich entschädigt werden. Beobachten Sie die gefiederten Gäste und passen Sie auf, dass Ihnen kein aufregender Besucher und keine faszinierende Verhaltensweise entgeht.

Vögel zu beobachten kostet nichts und ist nicht schwierig. Jeder, egal wie alt und wie erfahren, kann zu einem begeisterten Vogelbeobachter werden. Alles, was Sie dazu brauchen, sind Ihre Augen und Ohren und ein wenig Zeit.

Es lohnt sich in ein Fernglas zu investieren. So sehen Sie die Vögel von nahem und können sie einfacher bestimmen.

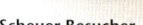

Scheuer Besucher
Aufregend ist es, wenn besondere Gäste, wie dieser Buntspecht, eintreffen. Buntspechte können scheu sein. Vermeiden Sie plötzliche Bewegungen.

Die beste Zeit

Am frühen Morgen sind Vögel am aktivsten. Sie balzen, füttern ihre Jungen oder singen. Es lohnt sich, früh aufzustehen und sie dabei zu beobachten.

Am späten Nachmittag steigen die Aktivitäten nochmals an. Vögel nehmen für die Nacht nochmals viel Nahrung auf und Sie können beobachten, wie sie sich zu ihren Ruheplätzen begeben. Im Herbst und Winter ziehen Schwärme von Staren vorüber. Mauersegler ziehen

Natürliche Tarnung
Nutzen Sie natürliche Deckung wie Bäume, um sich zu verbergen, wenn Sie im Freien beobachten.

im Sommer ihre Kreise am Himmel, um im Flug zu ruhen.

Gute Beobachtungsstellen

Wenn Ihre Futterspender und Nistkästen gut positioniert sind, haben Sie Ihre Gartenvögel gut im Blick.

Beobachten Sie vom Haus aus, bemerken die Vögel Sie nicht, wenn Sie plötzliche Bewegungen vermeiden. Versuchen Sie, so leise wie möglich zu sein.

Je länger ein Futterspender sich schon an einer Stelle befindet, desto sicherer fühlen sich die Vögel, wenn sie ihn besuchen.

VOGELZÄHLUNG

Wenn Sie Ihre Gartenvögel regelmäßig beobachten, wollen Sie vielleicht festhalten, wie viele Vögel kommen. Sie können zu verschiedenen Tageszeiten, im Jahreslauf und über die Jahre Zählungen machen. Daraus ergeben sich faszinierende Fragestellungen.

Vögel zählen
Mit einem Handzähler können Sie Ihre Gartenvögel hervorragend zählen.

Verhalten

Wie sich ein Vogel verhält, hängt von seinem Alter und seinem Geschlecht, der Jahreszeit und dem Wetter ab. Im Lauf der Zeit werden Sie bemerken, wie vielfältig die Interaktionen zwischen Angehörigen verschiedener Arten und zwischen Artgenossen sind.

In der Nacht
Auch nachts können Sie Vögel beobachten. Waldkäuze besuchen dann gerne große Gärten mit altem Baumbestand.

Einzelne Vögel erkennen
Manche Vögel verhalten sich so auffällig, dass Sie sie immer wieder erkennen werden. Andere, wie diese Amsel mit weißen Federn, sehen unverwechselbar aus.

Am einfachsten können Sie Ihre Gartenvögel beobachten, während sie Futterspender und Vogeltische besuchen oder Insekten, Beeren und Samen verzehren. In der kalten Jahreszeit werden Sie wahrscheinlich mehr Vögel sehen, denn dann ist Nahrung auf dem Land knapp.

Zu den interessantesten Verhaltensweisen gehören die Balz und die Verteidigung der Reviere. Die Männchen lassen ihre herrlichen Gesänge erklingen und Sie können Besonderheiten beobachten, wie die rudernden Balzflüge der Grünfinkenmännchen oder Mauersegler, die in Trupps blitzschnell über Ihren Garten fliegen und ihre hohen, schrillen Rufe erklingen lassen. Auch die wechselseitige Gefiederpflege ist Teil des Balzverhaltens. Manchmal bietet das Männchen dem Weibchen Futter an. Beobachten Sie, wie die Vögel im Schwarm miteinander kommunizieren und ihre Bewegungen exakt aufeinander abstimmen oder wie Vogeleltern unermüdlich ihren Nachwuchs im Nest füttern.

Hungriger Nachwuchs
Einige Arten, wie Rauchschwalben, ziehen im Sommer bis zu drei Bruten groß, wenn das Wetter günstig ist.

Beobachtungen im Jahreslauf

Im Winter werden die meisten Vögel Ihren Garten besuchen. Nun müssen sie genügend Nahrung finden, denn nur mit Fettreserven haben sie ausreichend Energie, um die kalten Nächte zu überstehen. Zu dieser Jahreszeit können Sie Schwärme von Sperlingen, Meisen und vielen anderen Arten beobachten.

zu bauen (manche Arten bauen mehrere) und mit dem Brüten zu beginnen.

Ab Mai ist auch der Nachwuchs der Standvögel unterwegs. Einige Vogelarten ziehen pro Jahr – je nach Witterung – bis zu drei Bruten groß.

Im Herbst ziehen viele Gartenvögel fort, um auf dem Land nach Nahrung zu suchen, aber sie kommen

Wechselnde Kleider
Im Winter haben Stare ein weiß geflecktes Gefieder. Das Prachtkleid ist einheitlicher gefärbt und schillert metallisch.

Zu Beginn des Frühjahrs erklingen die Vogelkonzerte wieder. Einige der Wintergäste sammeln sich jetzt, bevor sie gemeinsam wegziehen. Meisen und Rotkehlchen sind die ersten Vögel, deren Gesängen Sie im Garten lauschen können. Wenn die Reviere abgesteckt sind, gilt es, einen Partner anzulocken, ein Nest

meistens wieder zurück. Vielleicht treffen auch andere Vogelarten aus Nord- und Osteuropa bei uns ein. Dann haben Sie eventuell sogar die Gelegenheit, bei uns eher ungewöhnliche Arten zu beobachten, wie einen Bergfinken, einen Seidenschwanz oder eine Rotdrossel.

Sommergäste treffen ein
Mehlschwalben treffen in der Regel zwischen Mitte April und Anfang Mai in ihren Brutrevieren ein.

Vogelporträts

Symbole

♀ Weibchen   ♂ Männchen

☾ Jungvogel   ☽ Immatur
❧ Altvogel

⚘ Frühjahr   ☼ Sommer
🍂 Herbst   ❄ Winter

Größenvergleich

Jede Art ist im Vergleich zu einer
von vier sehr bekannten Vogelarten abgebildet.

_____

_____

_____

_____

Höckerschwan Stockente Taube Haussperling

Verbreitungskarten

Jedes Artporträt beinhaltet eine
Karte, die das Verbreitungsgebiet
zeigt. Die jahreszeitlichen Wan-
derungen sind farbig markiert.

🟧 Im Sommer

🟩 Ganzjährig anwesend

🟦 Im Winter

🟨 Auf dem Zug

SINGT VON *einem
erhöhten Ansitz aus.*

Zaunkönig

Troglodytes troglodytes

Der winzige Vogel mit überraschend lauter Stimme richtet
seinen kurzen Schwanz oft steil auf. Auch sein Flug ist charakteristisch: schnell und geradeaus, oft direkt ins Dickicht.
In kalten Wintern nehmen die Populationen ab, erholen
sich meist jedoch schnell wieder.

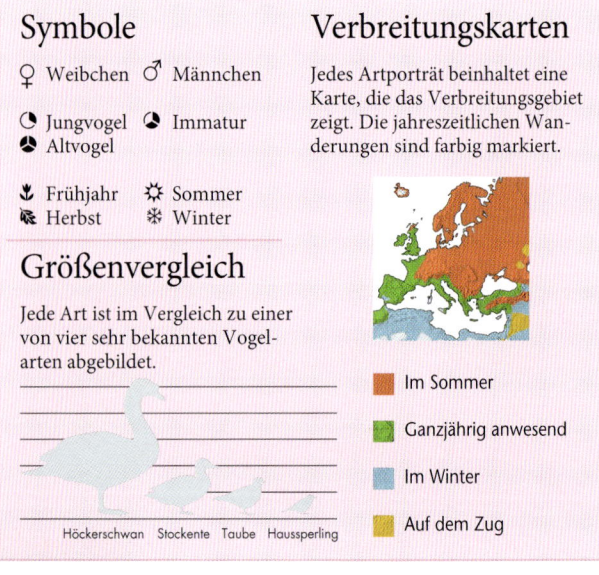

Leicht nach unten
gebogener feiner
Schnabel

Heller Über-
augenstreif

Dunkle
Bänderung

Kurzer, gerundeter
Schwanz

Oberseits rostbraun
mit gebänderten
Flügeln

Schwache
Bänderung

Kräftige
Beine
und Füße

STIMME *Rasselndes* tschit, tzerr; *Gesang
erstaunlich laut, schmetternd mit Trillern.*
BRUTBIOLOGIE *Kleines Kugelnest aus Blättern und Gras; 5–6 Eier, 2 Bruten; Apr.–Jul.*
NAHRUNG *Sucht im Dickicht, unter Hecken,
in Gräben nach Insekten und Spinnen.*
ÄHNLICHE ARTEN *Heckenbraunelle, Rotkehlchen.*

Girlitz

Serinus serinus

Der farbenfrohe Vogel mit seinen scharfen Rufen ist einer der häufigsten Finken im Mittelmeergebiet. Männchen singen oft von des Spitze dünner Nadelbäume oder während ihres flatternden Singfluges. Obwohl leicht zu erkennen, kann man sie mit entflogenen Kanarienvögeln verwechseln.

KOMMT IN *Olivenhainen, Obstgärten, Weinbergen, offenen Wäldern, Parks, Gärten und Alleen vor.*

Überall blasser gelb

Schwarze Steifen an Flanken

Gedrungener Schnabel

♀

♂

Leuchtend gelbe Stirn

Dunkler Halbmond um Wange

Gestreifter grüner Rücken

Heller Bürzel

♂

Zwei helle Flügelbinden

♂

Gegabelter Schwanz

STIMME *Silbriges Trillern, zir-lit, ansteigend twiii; Gesang schnell, scharf, Trillern und Zwitschern, oft während Singflug.*
BRUTBIOLOGIE *Grasnapf, mit Haaren gepolstert, in Busch; 4 Eier, 2–3 Bruten; Mai–Jul.*
NAHRUNG *Nimmt winzige Samen vom Boden oder niedrigen Pflanzen auf.*
ÄHNLICHE ARTEN *Erlenzeisig, Zitronengirlitz.*

Gartengrasmücke

Sylvia borin

Die rundgesichtige Gartengrasmücke hat kaum Zeichnung und außer ihrem Gesang, der wunderbar weich und sprudelnd klingt, wenige typische Merkmale. Sonst eine Einzelgängerin, schließt sie sich im Spätsommer anderen Sängern an, um Beeren zu sammeln. Trotz ihres Namens besucht sie selten Gärten, außer, um auf dem Durchzug Nahrung zu suchen.

BRÜTET IN *offenen Wäldern, Parks mit vielen Bäumen, Dickichten und einzelnen Bäumen.*

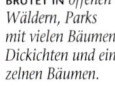

Matte, helle Flügel

Graue Halsflecken

Dünner, heller Augenring

Große dunkle Augen

Oberseite hell beigebraun

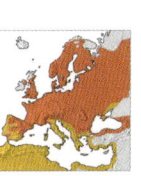

Helle Federränder, deutlicher bei Jungvogel

Hell bräunliche Unterseite

STIMME *Ruf satt täk, weich tschäk-tschäk-tschäk; Gesang reich, schnell, melodisch.*
BRUTBIOLOGIE *Flache Schale aus Gras und Moos in Busch; 4–5 Eier, 1 Brut; Mai–Jul.*
NAHRUNG *Pickt Insekten und Spinnen von Blättern; im Herbst Beeren, Sämereien.*
ÄHNLICHE ARTEN *Mönchsgrasmücke, Teichrohrsänger, Grauschnäpper.*

Blaumeise

Cyanistes caeruleus

Die zutrauliche Blaumeise ist am Futterhäuschen ein häufiger Gast und ihrer akrobatischen Fähigkeiten wegen beliebt. Ihre schwarz-weiße Gesichtszeichnung ist charakteristisch und auf der gelben Unterseite trägt sie oft einen dünnen dunklen Mittelstreifen.

BESUCHT *Gärten, um an Futterspendern zu fressen. Lebt in Wäldern aller Art, Parks und buschigen Gärten.*

♂

Weiße Binden auf blauen Flügeln

Leuchtend blaue Kappe

♂

Blauer Schwanz

Unterseite gelb

Grünliche Kappe

Weniger blau

♀

STIMME *Ruf* sisidüdü, *schimpfend* terrr-ret-et; *Gesang hohe Töne, tiefer* si-si-sisisi.
BRUTBIOLOGIE *Kleiner Napf aus Moos und Haaren in Höhle; 7–16 Eier, 1 Brut; Apr.–Mai.*
NAHRUNG *Sämereien, Nüsse, Insekten, Spinnen; besucht Futterstellen im Garten.*
ÄHNLICHE ARTEN *Tannenmeise, Kohlmeise, Wintergoldhähnchen.*

Kohlmeise

Parus major

BRÜTET IN *verschiedensten Mischwäldern, in Parks und Gärten. Nutzt oft Nistkästen.*

Die kühne, aggressive Kohlmeise ist einer der bekanntesten Garten- und Waldvögel. Ihre Rufe sind sehr variabel, aber an dem schwarzen Bruststreifen kann man sie gut erkennen. Sie ist weniger agil als die kleineren Meisenarten und öfter am Boden.

Glänzend schwarze Kappe

Gelbe Wangen

Weiße Wangen

♂

Grüner Rücken

Gelbe Unterseite mit breitem schwarzen Streifen

♀

Helle Flügelbinde

Streifen schmaler als beim Männchen

♂

STIMME *Vielfältige Rufe, u.a.* ping; tui, rau dschä-dschä; *Gesang hell pfeifend* ti-tä, zi-zi-tä.
BRUTBIOLOGIE *Napf aus Moos und Gras in Baumhöhle; 5–11 Eier, 1 Brut; Apr.–Mai.*
NAHRUNG *Insekten, Samen, Nüsse; im Herbst und Winter v.a. Baumsamen.*
ÄHNLICHE ARTEN *Blaumeise, Tannenmeise.*

Schwanzmeise

Aegithalos caudatus

Mit ihrem runden Körper und dem langen Schwanz ist diese Art einzigartig unter den europäischen Vögeln. Im Sommer streifen Familientrupps lautstark durch Büsche und Unterwuchs, im Winter ziehen sie in viel größeren Trupps durch die Wälder, einzeln oder paarweise von Baum zu Baum fliegend.

LEBT IN *Laub- oder Mischwald mit buschigem Unterwuchs und im Gebüsch. Besucht Futterspender.*

Schwarzes Band auf weißem Kopf; rein weiß bei nördlicher Unterart

Schwarz-rosa Rücken

Rosafarbene Schultern

Langer schwarzer Schwanz mit weißen Seiten

Gefieder schwarz-weiß

Dunkle Flügel

Mattweiße Unterseite

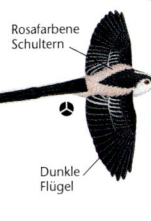

STIMME *Hohes, dünnes siii siii siii; kurzes, abruptes, tieferes trrp oder zerrrp.*
BRUTBIOLOGIE *Kugelnest aus Flechten, Moos, Spinnweben und Federn mit seitlichem Eingang; 8–12 Eier, 1 Brut; Apr.–Jun.*
NAHRUNG *Pickt winzige Insekten und Spinnen von Blättern; Sämereien.*
ÄHNLICHE ARTEN *Keine.*

Rotkehlchen

Erithacus rubecula

Das Rotkehlchen ist in den meisten Teilen seines Verbreitungsgebiets ein scheuer Waldvogel. Es ist darauf spezialisiert, Wildschweinen zu folgen, um Kleintiere aus der von ihnen aufgewühlten Erde zu picken. Manchmal folgt es auch Gärtnern beim Umgraben.

Großes schwarzes Auge

LEBT IN *offenen Wäldern, Parks und naturnahen Gärten.*

Orangerote Brust

Blaugrau an Seiten von Kopf und Hals

Oberseite warm braun

Weißer Brustfleck

Braunge-sprenkelter Körper

STIMME *Scharf tik; schnell tik-ik-ik-ik; hoch, dünn siiiip; Gesang perlend, reich.*
BRUTBIOLOGIE *Überdachtes Grasnest in Busch; 4–6 Eier, 2 Bruten; Apr.–Aug.*
NAHRUNG *Spinnen, Insekten, Würmer, Beeren und Samen v.a. vom Boden.*
ÄHNLICHE ARTEN *Heckenbraunelle, Nachtigall, Gartenrotschwanz.*

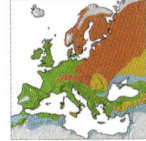

Heckenbraunelle

Prunella modularis

SUCHT IN *niedrigen, dichten Büschen, in Heiden und Mooren, Wäldern, Parks und Gärten nach Nahrung.*

Obwohl sie einer der vielen spatzenähnlichen Vögel ist, hat die Heckenbraunelle einen feinen Schnabel und sucht typisch geduckt am Boden nach Nahrung. Wird sie gestört, fliegt sie nah am Boden in den nächsten dichten Busch.

Rotbraune Augen

Feiner dunkler Schnabel

dunkler Schnabel

Graue Kehle

Linie heller Punkte auf Flügeln

Kopf brauner

Warm braun mit schwarzen Streifen

Orange-braune Beine

Schwarz ge-streifte braune Flügel und Rücken

STIMME *Laut, hoch, durchdringend* tsiiiht, *vibrierend* tihihihi; *Gesang hoch, schnell.*
BRUTBIOLOGIE *Grasnapf, mit Federn ausgekleidet; 4–5 Eier, 2–3 Bruten; Apr.–Jul.*
NAHRUNG *Insekten und Samen vom Boden, sucht geduckt laufend unter Büschen.*
ÄHNLICHE ARTEN *Rotkehlchen, Zaunkönig, Haussperling.*

Grünfink

Carduelis chloris

NIMMT AN *Futterspendern Sonnenblumenkerne. Brütet in offenen Wäldern, Hecken, Gärten.*

Männchen sind an ihrem grünen Gefieder mit leuchtend gelben Flecken und dem eher strengen Anblick zu erkennen. Die matter gefärbten Weibchen und Jungvögel sind schwieriger zu bestimmen. Im Frühling singen die Männchen auf kreisenden Balzflügen.

Dunkler Fleck

Hell olivgrün

Gelber Streifen

♂☼

Brauner als Altvogel

Überall gestreift

Oberseits grauer

Matter als Weibchen

♀

♂❄

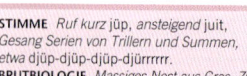

Gelbe Flecken auf Schwanz

♂

Gelb an Säumen der grauen Schwungfedern

STIMME *Ruf kurz* jüp, *ansteigend* juit, *Gesang Serien von Trillern und Summen, etwa* djüp-djüp-djüp-djürrrrrr.
BRUTBIOLOGIE *Massiges Nest aus Gras, Zweigen in Baum; 4–6 Eier, 1–2 Bruten; Apr.–Jul.*
NAHRUNG *Samen von Bäumen und Kräutern, auch vom Boden; Beeren und Nüsse.*
ÄHNLICHE *Zitronengirlitz, Girlitz, Erlenzeisig.*

Fitis

Phylloscopus trochilus

Der Fitis ist der häufigste und am weitesten verbreitete
Laubsänger und ähnelt dem Zilpzalp sehr. Am besten ist er
an seinem gemütvollen Gesang zu erkennen, mit dem er im
Frühling seine Ankunft verkündet. Meist geht er allein auf
Nahrungssuche und schlüpft dabei gewandt durchs Laub.

SINGT *lieblich und
flüssig in lichten
Wäldern, Büschen und
Dickichten v. a. aus
Birken und Weiden.*

Heller Über-
augenstreif

Kopf flacher als
bei Zilpzalp

Gelber Über-
augenstreif

Oberseite
graugrün bis
olivbraun

Intensiver
grün

Unterseite
bräunlich weiß
bis hellgelb

Ein-
farbige
runde
Flügel

Helle gelb-
braune Beine

STIMME *Ruf einfach pfeifend hü-it;
abfallendes Trillern, mit Schnörkel endend.*
BRUTBIOLOGIE *Überdachtes Grasnest,
bodennah; 6–7 Eier, 1 Brut; Apr.–Mai.*
NAHRUNG *Pickt Insekten und Spinnen von
Blättern; fängt Fliegen in der Luft.*
ÄHNLICHE ARTEN *Zilpzalp, Waldlaubsänger,
Berglaubsänger.*

Zilpzalp

Phylloscopus collybita

Der Zilpzalp ist äußerlich kaum vom Fitis zu unterscheiden.
Hilfreich ist die Eigenheit des etwas plumperen Zilpzalps,
seinen Schwanz herunterzuschlagen. Wenn
er singt, verrät er sich, indem er seinen
Namen unablässig wiederholt. Einige
Vögel verbringen den Winter in West-
europa anders als der Fitis.

RUFT *wiederholt seinen
Namen von seinem
Ansitz in Wäldern,
Parks, buschigem
Gelände und großen
Gärten.*

Kurze
gerundete
Flügel

Kopf runder als
bei Fitis

Weißer
Halbmond
unter dem Auge

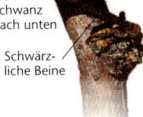

STIMME *Ruf kurz, einsilbig; Gesang klares,
helles zilp-zalp, zilp-zalp, zilp-zalp.*
BRUTBIOLOGIE *Überdachtes Grasnest tief
im Gebüsch; 5–6 Eier, 1–2 Bruten; Apr.–Jul.*
NAHRUNG *Pickt Insekten und Spinnen von
Blättern, schlüpft geschickt durchs Laub.*
ÄHNLICHE ARTEN *Fitis, Waldlaubsänger.*

Schlägt
oft
Schwanz
nach unten

Schwärz-
liche Beine

Körper
olivbraun

Buchfink

Fringilla coelebs

Der Buchfink ist einer der am wenigsten spezialisierten Finken und zugleich einer der erfolgreichsten. Für Finken ungewöhnlich, brüten Paare in abgegrenzten Revieren, die die Männchen mit Gesang markieren. Während des restlichen Jahres sind sie gesellig und zutraulich.

BRÜTET IN *Nadel- und Laubwäldern, Gehölzen, Hecken, Parks und Gärten.*

Zwei weiße Flügelbinden

Grünlicher Bürzel ♂☼

Ockerbraune Flecken am Kopf

♂❄

Olivbrauner Kopf und Rücken

♀

Dunkle Flügel

Gelbliche Federränder

Dunkler Schwanz mit weißen Seiten

Blaugrauer Kopf und Schnabel

Wangen und Kehle bräunlich rosa

Brauner Rücken

♂☼

Unterseite rosafarben, weißer am Bauch

STIMME Weich tjüpp, häufig pink; Gesang etwa zit-zit-zit-set-set-set-wighlio.
BRUTBIOLOGIE Napf aus Gras, Blättern und Moos in Baum; 4–5 Eier, 1 Brut; Apr.–Mai.
NAHRUNG Im Sommer Insekten, v. a. Käfer; sonst Sämereien, Keimlinge und Beeren.
ÄHNLICHE ARTEN Bergfink, Gimpel, Haussperlings-Weibchen.

Haussperling

Passer domesticus

Der Haussperling ist eine der bekanntesten Vogelarten, da er oft an Gebäuden brütet. Das Männchen hat einen schwarzen Kehllatz und eine graue Kappe, das Weibchen ist jedoch leicht mit einem Finkenweibchen zu verwechseln. In den letzten Jahren haben die Bestände abgenommen.

LEBT IN *Städten, Dörfern, auf Bauernhöfen und Agrarland; selten in unbewohnten Gegenden zu finden.*

Weißliche Flügelbinde ♂

Hellgrauer Bürzel

Oberseits rotbraun mit dunklen Streifen

Graue Kappe

Großer schwarzer Kehllatz

Ungezeichnete graue Unterseite

♂☼

Heller Streifen

♀

Gefieder einfarbig

STIMME Lebhaft tschilp, lauter Chor im Schwarm; Gesang Serie von Tschilplauten.
BRUTBIOLOGIE Nest aus Gras und Federn in Höhle; 3–7 Eier, 1–4 Bruten; Apr.–Aug.
NAHRUNG Sämereien, Beeren, meist vom Boden; füttert Nestlinge mit Insekten.
ÄHNLICHE ARTEN Weidensperling, Buchfinken-Weibchen.

Mönchsgrasmücke

Sylvia atricapilla

Die untersetzte Mönchsgrasmücke ist an ihren typischen harten Rufen zu erkennen. Ihr Gesang jedoch ist melodisch, reich und rein. In Nordwesteuropa überwintert sie manchmal und besucht Gärten, um Sämereien zu fressen. Dabei vertreibt sie oft andere Vögel vom Futterhäuschen.

SINGT *wohltönend von Sitzplätzen in Wäldern, Parks und großen Gärten mit dichtem Unterwuchs.*

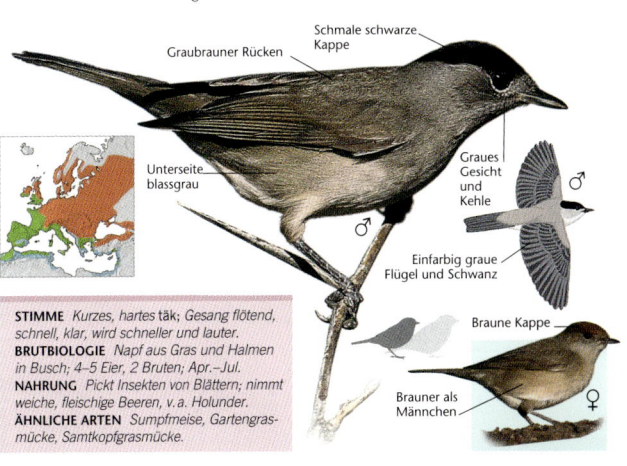

Schmale schwarze Kappe

Graubrauner Rücken

Unterseite blassgrau

Graues Gesicht und Kehle ♂

Einfarbig graue Flügel und Schwanz

Braune Kappe

Brauner als Männchen ♀

STIMME *Kurzes, hartes täk; Gesang flötend, schnell, klar, wird schneller und lauter.*
BRUTBIOLOGIE *Napf aus Gras und Halmen in Busch; 4–5 Eier, 2 Bruten; Apr.–Jul.*
NAHRUNG *Pickt Insekten von Blättern; nimmt weiche, fleischige Beeren, v. a. Holunder.*
ÄHNLICHE ARTEN *Sumpfmeise, Gartengrasmücke, Samtkopfgrasmücke.*

Stieglitz

Carduelis carduelis

Die bunten Stieglitze suchen in Schwärmen auf Ödland und an Feldrainen nach Nahrung und picken mit ihren spitzen Schnäbeln halbreife Samen aus Disteln, Karden und ähnlichen Pflanzen. Sie sind sehr agil und hängen oft kopfüber an den Blütenköpfen. Ihr Flug ist typisch hüpfend.

SUCHT AN *verunkrauteten Stellen nach Nahrung, auch in Erlen und Lärchen.*

Kopf kräftig schwarz, weiß und rot

Orangebrauner Rücken

Gelb auf geschlossenem Flügel

Hell orangebrauner Fleck

Schwarze Flügel

Große gelbe Felder

Helle Unterseite

Grauer Kopf

Mattere Flügel

STIMME *Ruf munter, zwitschernd ti-ke-lit; Gesang aus Rufen und flüssigen Trillern.*
BRUTBIOLOGIE *Nest aus Wurzeln, Gras, Spinnweben; 5–6 Eier, 2 Bruten; Mai–Jul.*
NAHRUNG *Halbreife Samen aus Disteln und ähnlichen Pflanzen, seltener vom Boden; Samen von Erle und Lärche.*
ÄHNLICHE ARTEN *Erlenzeisig, Grünfink.*

TIPP

Aus der Entfernung ist das rote Gesicht schwer zu sehen. Die gelben Flügelfelder und der hüpfende Flug sind jedoch unverkennbar.

Amsel

Turdus merula

Die hübsche Drossel mit der charakteristischen Angewohnheit, den Schwanz vor der Landung anzuheben, ist ein bekannter Gartenvogel. Das schwarze Männchen ist leicht zu erkennen, das braunere Weibchen jedoch kann mit anderen Drosseln verwechselt werden.

LEBT IN *Wäldern mit verrottendem Laub, in Parks, Gärten und Agrarland mit großen Hecken.*

Gelber Schnabel und Augenring

Flügelspitzen heller

Einheitlich schwarzer Körper

Dunkler Schnabel

Orange-bräunlicher Körper

Dunkelbraune Beine

♂

Mattschwarz

♂ 1. ❄

Dunkelbraun

Unten gefleckt

♀

STIMME *Tief, weich duk, häufig tak-tak-tak, schneller Alarmruf, hoch srriii; Gesang volltönend, flötend, viele Variationen.*
BRUTBIOLOGIE *Napf aus Gras, Erde in Busch, Baum; 3–5 Eier, 2–4 Bruten; März–Aug.*
NAHRUNG *Würmer, Insekten und Spinnen am Boden; Früchte und Beeren in Büschen.*
ÄHNLICHE ARTEN *Ringdrossel, Singdrossel.*

Hausrotschwanz

Phoenicurus ochruros

Der Hausrotschwanz ist ein Vogel steiniger Hänge und tiefer Schluchten mit Geröll und Felsen. Er brütet auch auf Abbruchflächen in Industriegebieten und Städten in alten Gebäuden mit geeigneten Wandlöchern. Der hellere Gartenrotschwanz hingegen kommt fast ausschließlich in bewaldeten Gebieten vor.

KOMMT IM *Gebirge, an felsigen Küsten, in Steinbrüchen und auf Abbruchflächen in Industriegebieten und Städten vor.*

Grauer Oberkopf

♂

Rostroter Schwanz mit dunklerer Mitte

Körper schwärzlich und schiefergrau

Weißes Flügelfeld

♂ ❧

Kopf brauner

Hellgrauer Körper

♂ ❄

Rostrot auf Schwanz

Mausgrauer Körper

♀

STIMME *Ruf hart, ratternd tsit, täk-täk; Gesang mit knirschenden Lauten, Trillern.*
BRUTBIOLOGIE *Grasnest in Loch in Gebäude oder Felsen; 4–6 Eier, 2 Bruten; Mai–Jul.*
NAHRUNG *Fliegt und springt nach Insekten; Würmer, Beeren, Sämereien.*
ÄHNLICHE ARTEN *Gartenrotschwanz, Trauersteinschmätzer, Heckenbraunelle.*

Gimpel

Pyrrhula pyrrhula

Der Gimpel ist unauffällig, wenn er im Dickicht nach
Nahrung sucht. Unübersehbar ist er jedoch, wenn er ins Freie
kommt. Vor allem das Männchen ist mit seinem prächtigen
Gefieder ein auffallender Anblick. Gimpel verhalten sich
eher scheu und verschwinden im Gebüsch, wenn sie gestört
werden. In manchen Gegenden nehmen die Bestände
bedenklich ab, wahrscheinlich, weil Hecken
mehr und mehr verschwinden.

FÄLLT IN *Früchte tragende
Bäume u.a. Futterquellen in Wäldern ein, in
Agrarland mit Hecken, in
Parks und Gärten.*

Keine dunkle Kappe

Gefieder wie
Weibchen

Matt
bräunlicher
Rücken

Beige-
graue
Unterseite

♀

Grauweißes
Band auf
dunklem
Flügel

Hellrote
Unterseite

♂

Dicker,
kurzer
Schnabel

Kappe, Schnabel
und Kinn bilden schwarze Kapuze.

Hellgrauer
Rücken

Weißer Unter-
schwanz

♂

Schwarzer
Schwanz

Singdrossel

Turdus philomelos

Die helle, hübsch gefleckte Singdrossel hat einen wunderbar volltönenden Gesang. Sie ist bekannt dafür, dass sie
Schneckenhäuser aufhackt, um an den Inhalt zu gelangen,
und zieht zahlreiche Regenwürmer aus dem Boden. In
vielen Gegenden, vor allem im Agrarland, ist sie seltener
geworden.

BRÜTET IN *Laubwäldern, Agrarland mit
Bäumen und Hecken,
Parks und Gärten mit
Sträuchern.*

Orangebräunliche
Unterflügel

Heller
Augenring

Einfarbig
olivbraune
Oberseite

Einfarbige
Flügel

V-förmige
braune Punkte

Weißer
Bauch mit
dunklen
Punkten

Hell gelbbraune
Flanken mit dunklen
Punkten

Fleischfarbene
Beine

Star

Sturnus vulgaris

Der Star ist ein geselliger, aber streitsüchtiger Vogel, der in städtischen und ländlichen Lebensräumen vorkommt. Sein kraftvoller Gang ist typisch, wenn er im Boden nach Insektenlarven und Sämereien stochert. Oberflächlich schwarz, ist sein Gefieder im Sommer schillernd grün und violett überlaufen und im Winter mit hellen Punkten übersät. Außerhalb der Brutzeit bildet er dichte Schwärme, die in der Luft perfekt koordinierte akrobatische Flugmanöver veranstalten. Im Winter können die Schwärme so riesig sein, dass sie aus der Entfernung wie Rauchwolken aussehen. Da die Bestände jedoch abgenommen haben, sind solche Massenansammlungen selten geworden.

BILDET IM *Winter große Schwärme, in Wäldern, Städten, Industrie- und Hafengebieten. Brütet in Wäldern, Gärten und Städten.*

Schwanz kurz

Scharfer gelber Schnabel

Blaugraue Schnabelbasis; beim Weibchen hell

TIPP

Stare sind hervorragende Nachahmer. Wenn von einem Platz ein merkwürdiges Geräusch erklingt, steckt oft ein Star dahinter.

Körper glänzend schwarz mit grünem und violettem Schimmer

Lange, kräftige rotbraune Beine

♂

Gesicht silberweiß mit dunkler Maske

Körperfedern mit heller Spitze

Schwungfedern orangebraun gesäumt

Große Flecken um Schwanz

Kopf bekommt zuletzt Altvogelgefieder

IMMATUR

Einfarbig brauner Körper

Dunkler Schnabel

STIMME Rufe kurz schwirrend tjürr, *scharf* kjätt *und heiser quäkend* stääh; *Gesang aus Pfeiftönen, klickenden, knackenden und krächzenden Lauten mit Nachahmungen von Vogelstimmen und Geräuschen.*
BRUTBIOLOGIE *Lockeres Nest aus Gras und Halmen, in Baum- oder Mauerhöhlen oder Nistkasten; 4–7 Eier, 1–2 Bruten; Apr.–Jul.*
NAHRUNG *Sucht auf dem Boden nach wirbellosen Tieren, Samen und Beeren, in großen oder kleinen Schwärmen; fängt Fliegen in der Luft.*
ÄHNLICHE ARTEN *Einfarbstar, Amsel.*

Bachstelze

Motacilla alba

Die in Europa weit verbreitete Bachstelze tritt in zwei Formen auf. Die dunklere Form Großbritanniens und Irlands, die Trauerbachstelze, hat einen schwarzen Rücken, dunkle Flanken und schwärzliche Flügel, die helle Form des europäischen Festlandes einen hellgrauen Rücken und Bürzel und helle Flanken. Beide kommen in einer Vielfalt von Lebensräumen vor, von Agrarland bis in städtische Gebiete.

SCHLAFPLÄTZE *auch auf Bäumen in Städten. Die Vögel suchen auf Parkplätzen, an Straßenrändern und auf Dächern nach Nahrung.*

Oberkopf, Kinn und Kehle schwarz; im Winter Kehle und Kinn weiß

Weißes Gesicht

Schwärzlicher Bürzel

♂ ☼

Weiße Streifen auf Flügeln

Schwarze Brust

Schwarzer Rücken

Dunkle Flanken

Weiße Federränder

Rücken grau

Weißer Bauch

Unterseite weiß

TRAUER-BACH-STELZE ♀

Oberseite grau

Unterseite hellbeige

♂ ☼ **TRAUER-BACHSTELZE**

Langer schwarzer Schwanz, weiße Seiten

♂ **HELLE FORM** *M.a.alba*

Hellgrauer Rücken und Bürzel

Schwarzer Schwanz wie Trauerbachstelze

TIPP

Außerhalb der Brutzeit suchen Bachstelzen gemeinsame Schlafplätze auf, oft zu Hunderten. Diese können sich in der freien Natur in Bäumen oder Schilfbeständen befinden, manchmal aber auch auf Gebäuden oder in großen Treibhäusern, wo die Vögel in langen Reihen auf den Stahlträgern unter dem Dach sitzen.

STIMME *Ruf laut, melodisch* tschrip *oder* tsiewit, *bei Erregung härteres* tissik *oder* tschiswiet; *Gesang nicht sehr lautes Zwitschern mit Pausen.*
BRUTBIOLOGIE *Grasnapf in Uferhöhlung, Mauer, Holzstoß, außen an Gebäuden, unter Brücke; 5–6 Eier, 2–3 Bruten; Apr.–Aug.*
NAHRUNG *Sucht lebhaft auf dem Boden, auf Dächern, Schlammflächen oder Felsen, laufend, rennend oder in Sprüngen oder Verfolgungsflügen; Fliegen, Mollusken und einige Samen.*
ÄHNLICHE ARTEN *Gebirgsstelze, junge Schafstelze.*

Elster

Pica pica

Die schwarz-weiße Elster mit ihrem langen Schwanz ist kaum zu übersehen. In der Sonne schillert sie blau, violett und grün. Sie hat den Ruf, Nester von Singvögeln zu plündern. Untersuchungen haben jedoch gezeigt, dass dieses Verhalten kaum langfristige Auswirkungen auf die Bestände hat.

BRÜTET IN *Agrarland mit Hecken, an Waldrändern und in Stadtparks. Sucht in Gärten nach Nahrung.*

Keilförmiger Schwanz

Schwarzer Kopf

Schwarze Ränder an weißen Flügelspitzen

Schwarze Flügel, schillern grün und blau

Langer schwarzer Schwanz, schillert grün und violett

Weiße Schulter

Schwarze Brust

Weißer Bauch

Schwanz kürzer als bei Altvogel

Matter als Altvogel

STIMME *Schackerndes tschäk-tschäk-tschäk; Gesang leise schwätzend, selten.*
BRUTBIOLOGIE *Großes überdachtes Nest aus Zweigen und Lehm; 5–8 Eier, 1 Brut; Apr.–Jun.*
NAHRUNG *Vor allem Insekten, Körner und Abfall in unterschiedlichsten Lebensräumen; im Sommer Eier und Jungvögel.*
ÄHNLICHE ARTEN *Keine.*

Dohle

Corvus monedula

Die kleine Krähe mit der schwarzen Kappe und dem hellgrauen Nacken ist sehr gesellig und fliegt oft in Schwärmen, die laut rufend Kunststücke vollführen. Auch Nahrung sucht sie in Schwärmen, oft zusammen mit Saatkrähen.

LEBT AN *Felsen, in Steinbrüchen, Wäldern, Agrarland mit alten Bäumen, Städten und Dörfern in alten Häusern mit Kaminen.*

Gerundete Flügel

Grauschwarzer Körper

Heller Augen

Grauer Nacken

Schwarze Kappe

Kurzer, dicker Schnabel

Unterflügel dunkelgrau

STIMME *Hell, scharf kja, heiser kjäää oder kjaar, mehrere variable Laute.*
BRUTBIOLOGIE *Nest aus Zweigen mit Schlamm und Moos in Baum-, Fels- oder Mauerloch oder Kamin; 4–6 Eier, 1 Brut; Apr.–Jul.*
NAHRUNG *Nimmt Würmer, Sämereien und Abfälle vom Boden; Käfer und Beeren.*
ÄHNLICHE ARTEN *Saatkrähe, Alpenkrähe.*

TIPP

Obwohl sie anderen schwarzen Krähen ähnelt, ist die Dohle deutlich kleiner, mit kürzeren Beinen und kürzerem Schnabel.

Buntspecht

Dendrocopos major

Das schnelle Trommeln dieses Spechtes ist im Frühling häufig zu hören. Der Vogel selbst ist oft schwer zu sehen, wenn er auf seinen Schwanz gestützt auf einen Stamm hämmert. Er hat weniger Rot am Kopf und mehr am Unterschwanz als der Mittelspecht.

SUCHT IN *Gärten, Gebüsch und in alten Wäldern Nahrung. Brütet in Laub- und Nadelwäldern.*

Roter Fleck am Hinterkopf

Hell bräunlich

Schwarz-weiße Oberseite

♂

Ganze Kappe rot, weniger beim Weibchen

♂

Großer weißer Schulterfleck

Intensiv roter Unterschwanz

Kein Rot

♀

STIMME *Explosiv kik, ratternde Alarmlaute; trommelt kurz, laut und schnell.*
BRUTBIOLOGIE *Zimmert Höhle in Baumstamm oder Ast; 4–7 Eier, 1 Brut; Apr.–Jun.*
NAHRUNG *Holt Insekten und Larven aus der Rinde; Samen und Beeren.*
ÄHNLICHE ARTEN *Mittelspecht, Kleinspecht.*

Eichelhäher

Garrulus glandarius

Laut, aber scheu, bleibt der Eichelhäher oft im Dickicht verborgen und tritt den Rückzug an, wenn er gestört wird. Manchmal lässt er Ameisen über sein Gefieder laufen, wahrscheinlich weil die Ameisensäure Parasiten bekämpft. Man nennt dieses Verhalten Einemsen.

BRÜTET IN *Wäldern und Parks, vor allem mit Eichen. Besucht Gärten.*

Bartstreif dick und schwarz

Körper hell rosabraun

Gebändertes blaues Flügelfeld

Weißes Feld auf schwarzem Flügel

Haltung beim Einemsen

Gesträubte Haube

Weißer Bürzel

Weißer Unterschwanz

Schwarzer Schwanz

STIMME *Rau, kreischend krrrschä, miauend hijä, sehr ähnlich Mäusebussard.*
BRUTBIOLOGIE *Großes Nest aus Zweigen, niedrig in Busch; 4–5 Eier, 1 Brut; Apr.–Jun.*
NAHRUNG *Im Sommer v. a. Insekten, einige Samen und Nestlinge; vergräbt im Herbst Eicheln für den Winter.*
ÄHNLICHE ARTEN *Wiedehopf.*

Saatkrähe

Corvus frugilegus

Die Saatkrähe ist eine große, sehr gesellige Krähe, die für ihre lauten, heiseren Rufe bekannt ist. Sie ist etwas kleiner als die ähnliche Rabenkrähe und die Altvögel sind an ihrer nackten Schnabelbasis zu erkennen, die ihnen ein sehr langschnäbeliges Aussehen verleiht. Saatkrähen, auch die schwarzgesichtigen Jungvögel, haben einen spitz zulaufenden Oberkopf, und mit ihrem locker abstehenden Beingefieder sehen sie aus, als würden sie ausgebeulte Hosen tragen. Sie durchsuchen meist in Trupps den Boden nach Insektenlarven und sonstigem Fressbaren.

BRÜTET IN *Kolonien in Baumkronen, vorwiegend in Agrarland, Parks, Dörfern und Kleinstädten mit verstreuten hohen Bäumen.*

Flügel spitzer als bei Aaskrähe

Schmaler, gerundeter Schwanz

Oberkopf spitz zulaufend

Nackte weißliche Haut um Schnabelbasis

Glänzend schwarzer Körper

Kantigerer und weniger schlanker Körper als Aaskrähe

Locker abstehende Federn

Schnabel dünn

Schwarze Schnabelbasis

Gerundeter Schwanz

Lockerere Federn, Körper leichter als Rabenkrähe

TIPP

Saatkrähen sind viel geselliger als Rabenkrähen. Normalerweise brüten sie in Kolonien, während Rabenkrähen in Paaren brüten, jedoch nicht immer. Manchmal brüten auch Saatkrähenpaare einzeln, und Rabenkrähen (und Kolkraben) schließen sich manchmal zu lockeren Gruppen zusammen. Daher lohnt es sich genau hinzusehen.

STIMME *Heiser und rau* choah *oder* kaar, *vor allem an der Kolonie oft höhere und metallische Laute.*
BRUTBIOLOGIE *Nest aus Zweigen in Bäumen, ausgekleidet mit Gras, Moos und Blättern, Kolonien in Baumkronen; 3–6 Eier, 1 Brut; März–Jun.*
NAHRUNG *Würmer, Käferlarven, Sämereien und Wurzeln vom Boden, besonders von frisch gepflügten Feldern oder Stoppeläckern, meist in Schwärmen; sucht in Straßen nach überfahrenen Tieren.*
ÄHNLICHE ARTEN *Rabenkrähe, Dohle, Kolkrabe.*

Rabenkrähe

Corvus corone

Die schwarze Rabenkrähe ist eine Form der Aaskrähe. Sie kann leicht mit anderen Krähen verwechselt werden, vor allem die Jungvögel, aber ihr Oberkopf ist wesentlich flacher und ihr Körpergefieder dichter und ordentlicher, und sie trägt keine »Hosen«. Man sieht sie meist allein oder paarweise, im Herbst und Winter sammeln sich die Vögel oft zu Schwärmen.

LEBT IN *unterschiedlichsten offenen Gebieten, von Agrarland über Moore bis zu Innenstädten. Auch an der Küste.*

Breiter, flacher Kopf

Dicker, gebogener Schnabel

Ordentliche, dichte Befiederung

Eckige Flügel

Glänzend schwarzer Körper

Schwanz gerade

STIMME *Rau krächzend krra krra krra, auch kürzer konk und andere Varianten.*
BRUTBIOLOGIE *Großes Nest aus Zweigen in Baum, Busch, auf Felsen, in Gebäuden; 4–6 Eier, 1 Brut; März–Jul.*
NAHRUNG *Wirbellose, auch Eier, Körner, Abfall; sucht oft in Schwärmen nach Nahrung.*
ÄHNLICHE ARTEN *Saatkrähe, Kolkrabe, Dohle.*

Nebelkrähe

Corvus cornix

Die Nebelkrähe wird mittlerweile meist als eigene Art von der nah verwandten, völlig schwarzen Rabenkrähe abgetrennt. Die Nebelkrähe ist größer als eine Dohle, deren Gefieder nur am Hinterkopf und Nacken grau ist. Auch die Rufe sind anders und die Dohle fliegt mit schnelleren Flügelschlägen.

VORKOMMEN IM *offenen Gelände; zur Brutzeit weniger anspruchsvoll als Rabenkrähe.*

Schwarzer Kopf

Schwanz schwarz

Schwarze Flügel

Heller Körper

Graue Oberseite

STIMME *Rau krächzend krra krra, kürzer konk, meist 3–4 Mal; viele ähnliche Varianten.*
BRUTBIOLOGIE *Nest aus Zweigen in Baum, Busch oder auf Felsen; 4–6 grau und braun gefleckte blaugrüne Eier, 1 Brut; März–Jul.*
NAHRUNG *Unterschiedlichste tierische Nahrung, inkl. Aas; auch Körner und Abfälle.*
ÄHNLICHE ARTEN *Dohle.*

Flügel schwarz

Tannenmeise

Periparus ater

Obwohl man sie oft im Garten sieht, ist die winzige Tannenmeise typischerweise auf Nadelbäumen zu finden, wo sie ihr geringes Gewicht nutzt, um auf den dünnsten Zweigen nach Nahrung zu suchen. Im Herbst und Winter schließt sie sich oft anderen Meisenarten an und streift in gemischten Trupps durch Wälder und Gärten.

SUCHT AUF *Kiefern und anderen Nadelbäumen, aber auch im Gestrüpp nach Nahrung. Besucht Futterspender.*

Gelbere Wangen

Schwarzer Kopf

Weißer Nackenfleck

Grauer Rücken

Dunkle Flügel mit zwei weißen Binden

Hell beigefarbene Unterseite

Schwarzer Kehllatz

Weiße Wangen

STIMME *Ruf hohes* tzü, *dünnes* tzi, *helles* psüt, *Gesang schnelles* tsi-tsü-tsi-tsü.
BRUTBIOLOGIE *Napf aus Moos und Blättern in Baumloch; 7–11 Eier, eine Brut; Apr.–Jun.*
NAHRUNG *Sammelt winzige Insekten und Spinnen von Blättern; Sämereien, Nüsse.*
ÄHNLICHE ARTEN *Sumpfmeise, Weidenmeise, Kohlmeise.*

Erlenzeisig

Carduelis spinus

Der Erlenzeisig ist auf Baumsamen spezialisiert und vor allem an Nadelbäume wie Kiefern und Fichten gebunden. Meist sucht er hoch in den Bäumen nach Nahrung. Im Frühling singen die Männchen von Baumspitzen. Im Winter suchen Erlenzeisige in Schwärmen nach Nahrung.

NIMMT IN *Gärten Erdnüsse, brütet in Fichten- und Kiefernwäldern.*

Schwarze Kappe und Kinn

Dunkle Streifen auf grünem Rücken

An Schwanzseiten gelbe Flecken

♂

Brust limonengrün bis gelblich

Kräftig gelbe Flügelbinden

♂

Grauerer Kopf als Männchen

Ähnlich dem Weibchen

♀

STIMME *Ruf nasal* deäh, *kurz* te-te-te; *Gesang mit Trillern und Zwitschern.*
BRUTBIOLOGIE *Nest aus Zweigen und Halmen, mit Dunen ausgelegt, hoch in Baum; 4–5 Eier, 1–2 Bruten; Mai-Jul.*
NAHRUNG *Samen von Kiefern, Lärchen, Erlen, Birken und anderen Bäumen.*
ÄHNLICHE *Grünfink, Birkenzeisig, Girlitz.*

Sumpfmeise

Poecile palustris

Im Aussehen scheinbar identisch mit der Weidenmeise, kann man die etwas schlankere und hübschere Sumpfmeise am ehesten an ihrem typischen »pitschä«-Ruf erkennen. Trotz ihres Namens kommt sie nicht in Sümpfen vor, sondern bevorzugt älteres Waldland, wo sie im Unterwuchs Futter sucht.

SUCHT IN *großen Laubbäumen, v.a. Birken und Eichen, in Wäldern, Parks und Gärten nach Nahrung.*

Glänzend schwarze Kappe

Schwarzer Latz, kleiner als bei Weidenmeise

Nacken schlanker als bei Weidenmeise

Hell graubräunliche Unterseite

Einfarbig graubraune Oberseite

Gerundete graubraune Flügel

STIMME *Helles pitschä, angehängtes Zetern; Gesang kurz, monoton, oft Klappern.*
BRUTBIOLOGIE *Napf aus Gras und Moos in Baumloch; 6–8 Eier, 1 Brut; Apr.–Jun.*
NAHRUNG *Im Sommer v.a. Insekten, Spinnen; im Winter Sämereien, Beeren.*
ÄHNLICHE ARTEN *Weidenmeise, Tannenmeise, Mönchsgrasmücke.*

Weidenmeise

Poecile montanus

Die Weidenmeise sieht etwas unordentlicher aus als die sehr ähnliche Sumpfmeise, hat einen größeren Kopf und wirkt stiernackig. Sie kommt in unterschiedlicheren Lebensräumen vor. Zwar ist sie nicht speziell an Weiden gebunden, sucht aber in feuchten Weidenbeständen nach Nahrung. Ihre Rufe sind charakteristisch.

KOMMT IN *verschiedensten Waldtypen, Dickichten und Hecken vor. Besucht Futterspender im Garten.*

Schwarzer Latz, breiter als bei Sumpfmeise

Große, mattschwarze Kappe

Stiernackige Erscheinung

Einfarbig braune, gerundete Flügel

Helles Flügelfeld

Orangebräunliche Flanken

Unten matt beigegrau

STIMME *Ruf hohes si si, gedehntes tiefes däh; Gesang hohe Pfiffe oder schwätzend.*
BRUTBIOLOGIE *Fertigt Höhle in morschem Baumstumpf; 6–9 Eier, 1 Brut; Apr.–Jun.*
NAHRUNG *Im Sommer v.a. Insekten und Spinnen, im Winter Samen, Beeren, Nüsse.*
ÄHNLICHE ARTEN *Sumpfmeise, Tannenmeise, Mönchsgrasmücke.*

Grauschnäpper

Muscicapa striata

Scharfsichtig und wachsam, ist der Grauschnäpper darauf spezialisiert, von einem Ansitz aus fliegende Insekten zu jagen. Mit schnellen Flügelschlägen stürzt er sich auf seine Beute und kehrt meist zum selben Ansitz zurück: eine Technik, die ihn unverkennbar macht.

JAGT *fliegende Insekten von Ansitzen in offenem Waldland, in Parks und Gärten mit Büschen und Bäumen.*

Gestrichelter Kopf

Lange, schmale Flügel

Geflecker Oberkopf

Beige Flecken auf Rücken

Zarte braune Striche auf der Brust

Silberweiße Unterseite

Langer, nach unten gehaltener Schwanz

STIMME *Ruf kurz, scharf* zrri; *Gesang kurz, kratzend, schwach und unauffällig.*
BRUTBIOLOGIE *Napf aus Gras, Blättern, Moos in Nische; 3–5 Eier, 1–2 Bruten; Jun.–Aug.*
NAHRUNG *Fängt Fliegen in der Luft; startet vom Ansitz und kehrt zum selben zurück.*
ÄHNLICHE ARTEN *Gartengrasmücke, Trauerschnäpper-Weibchen.*

Kleiber

Sitta europaea

Der Kleiber, unverkennbar durch sein sonderbar kopflastiges Aussehen, ist ein agiler Kletterer, der im Gegensatz zu anderen Vögeln Baumstämme nicht nur aufwärts, sondern auch mit dem Kopf voran abwärts läuft. Er klemmt Nüsse und Samen in Rindenspalten, um sie mit dem Schnabel aufzuhacken.

SUCHT IN *Laub- und Mischwäldern, Parks und größeren Gärten in hohen Bäumen und am Boden nach Nahrung.*

Breite blaugraue Flügel

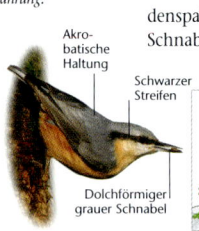

Akrobatische Haltung

Schwarzer Streifen

Dolchförmiger grauer Schnabel

Unterseite hellbeige, Flanken rostbraun

Kräftige Füße, die sich in Rinde krallen

Kurzer Schwanz

STIMME *Rufe fein* zitt, *lauter* twet, tuit; *Gesang langsame Pfeiftöne, schnell als Triller.*
BRUTBIOLOGIE *Klebt typischerweise Schlamm um den Eingang einer alten Spechthöhle; 6–9 Eier, 1 Brut; Apr.–Jul.*
NAHRUNG *Vielfältige Sämereien, Beeren und Nüsse, die er in Spalten klemmt.*
ÄHNLICHE ARTEN *Felsenkleiber (selten).*

Wintergoldhähnchen

Regulus regulus

Der kleinste europäische Vogel, das agile Wintergoldhähnchen, sucht auch in unmittelbarer Nähe des Menschen nach Nahrung. Der rundliche Vogel gibt oft sehr hohe, dünne Rufe von sich, während er rastlos Futter sucht. Der Kopf ist vorne flacher als der des Sommergoldhähnchens.

SUCHT IN *Nadel- und Mischwäldern, Dickichten und großen Gärten während des ganzen Jahres nach Nahrung.*

Breites weißes »V«

Olivgrüner Rücken

Schwärzliche Flügel

Gelb zwischen schwarzen Streifen

Beige Unterseite

STIMME *Ruf hohes, zischendes* si-si-si; *Gesang schnelles, hohes* siedli-i-siedli-i.
BRUTBIOLOGIE *Napf aus Spinnweben und Moos; 7–8 Eier, 2 Bruten; Apr.–Jul.*
NAHRUNG *Pickt winzige Insekten und Spinnen von Blättern, rüttelt kurz.*
ÄHNLICHE ARTEN *Sommergoldhähnchen, Fitis, Zilpzalp.*

Birkenzeisig

Carduelis flammea

Der Birkenzeisig ist ein agiler Fink, der meist in koordinierten Schwärmen Nahrung sucht, oft zusammen mit Erlenzeisigen. Während der Nahrungssuche still, verrät er sich durch seinen Stakkato-Ruf im Flug, wenn der Schwarm zum nächsten Baum wechselt. Manchmal sucht er auf verunkrauteten Feldern Nahrung.

Dunkelrote Stirn

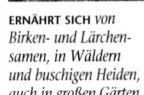

ERNÄHRT SICH *von Birken- und Lärchensamen, in Wäldern und buschigen Heiden, auch in großen Gärten.*

Winziger Schnabel

Schwarzer Kinnfleck

Rosa Brust

♀ Kein Rosa

Kurzer, gegabelter Schwanz

♂ ☼

Unterseits hell mit dunklen Strichen

Dunkler Schwanz

Gestreifter Rücken

STIMME *Ruf hart* tschett-tschett, *auch in Reihen; im Gesang im Flug ein trocken ratterndes* serrrrrrr.
BRUTBIOLOGIE *Napf aus Zweigen und Gräsern in Busch; 4–6 Eier, 1–2 Bruten; Mai–Jul.*
NAHRUNG *V.a. Birkensamen, zusätzlich von Erlen und Lärchen, auch vom Boden.*
ÄHNLICHE ARTEN *Berghänfling, Bluthänfling.*

106

Gartenrotschwanz

Phoenicurus phoenicurus

Ein Gartenrotschwanz-Männchen ist im Frühling und Sommer sehr hübsch und an seinem lieblichen Gesang gut zu erkennen. Das unauffälligere Weibchen zuckt wie das Männchen ständig mit seinem roten Schwanz. Gartenrotschwänze bevorzugen alte Wälder mit locker stehenden Bäumen.

BRÜTET IN *offenen Wäldern mit spärlichem Unterwuchs. Durchzügler an Küsten und Seen.*

Weißlich gesprenkelt

♂

♀

Hell bräunliche Unterseite

Weiße Stirn

Rostroter Bürzel

Hell rostrote Unterseite

♂

Bläulich grau von Kopf bis Rücken

♂

Rostroter Schwanz mit dunkler Mitte

STIMME *Klar* whiit, *scharf* täk; *Gesang kurz, zwitschernd, endet mit Triller.*
BRUTBIOLOGIE *Grasnest mit Federn ausgekleidet in Höhlung; 5–7 Eier, 1 Brut; Mai–Jun.*
NAHRUNG *Insekten, Spinnen, Würmer in Blättern oder am Boden; auch Beeren.*
ÄHNLICHE ARTEN *Hausrotschwanz, Rotkehlchen, Nachtigall.*

Goldammer

Emberiza citrinella

Der unaufhörliche Gesang der Männchen ist ein typisches Geräusch warmer Sommertage auf Feldern oder in Heiden. Während der Wintermonate bilden Goldammern Trupps, die auf Feldern einfallen.

SAMMELT *sich im Winter, um Samen zu suchen. Brütet in Heiden und Agrarland.*

Weniger gelb

♀

Stärker gestreift

Rotbraun, beige und schwarz

♂

Gelber Kopf mit dunklen Streifen

Schwarze Streifen auf rotbraunem Rücken

♂

Unterseite gelb mit feinen dunklen Streifen

Schwarzer Schwanz mit weißen Seiten

Rotbrauner Bürzel

♂

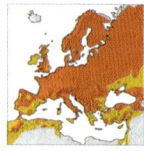

STIMME *Ruf scharf* zick; *Gesang schnell, hoch, tieferer Abschluss;* ti-ti-ti-ti-ti-siieeh.
BRUTBIOLOGIE *Nest aus Gras und Stroh unter Busch; 3–5 Eier, 2–3 Bruten; Apr.–Jul.*
NAHRUNG *Samen vom Boden, im Sommer Insekten.*
ÄHNLICHE ARTEN *Zaunammer, Rohrammer-Weibchen, Ortolan.*

Mauersegler

Apus apus

Der einzige Segler, der in fast ganz Europa vorkommt, ist an seinen schrillen Rufen und den sichelförmigen Flügeln meist sofort zu erkennen. Er verbringt beinahe sein gesamtes Leben in der Luft und landet nur am Nest. Bei schlechtem Wetter fliegt er sehr tief.

BRÜTET IN *Löchern in alten Gebäuden, nur noch selten in Felswänden. Jagt über offenes Land, Dörfer und Städte.*

Weißliche Ränder

Körper überall dunkel, brauner im Spätsommer

Hinterflügel etwas heller

Kinn und Stirn weißer

Helle Kehle, schwer zu sehen

Sichelförmige Flügel

Wirkt gegen den Himmel schwarz

Lange, gebogene Flügel

Gegabelter Schwanz

STIMME *Laute, schrille Rufe, meist von Trupps, sriiii, sirrr.*
BRUTBIOLOGIE *Höhlung in Gebäude, mit Federn ausgekleidet; 2–3 Eier, 1 Brut; Mai–Jun.*
NAHRUNG *Nur in der Luft, fängt fliegende Insekten und driftende Spinnen.*
ÄHNLICHE ARTEN *Fahlsegler, Alpensegler, Rauchschwalbe.*

Mehlschwalbe

Delichon urbica

Die Mehlschwalbe mit ihrem schwarz-weißen Gefieder ist in vielen Städten und Dörfern ein häufiger Brutvogel. Sie jagt ausschließlich in der Luft nach kleinen Fliegen und ähnlicher Beute, während sie hoch über den Dächern oder tief über der Wasseroberfläche kreist. Sie kommt nur an den Boden, um Schlamm für ihr Nest zu sammeln.

SAMMELT SICH *vor dem Zug in Trupps auf Leitungsdrähten. Brütet an Hauswänden, jagt oft über Feuchtgebieten.*

Dunkle Flügel

Weißer Bürzel

Blauschwarzer Oberkopf

Nest an Außenmauer

Gegabelter Schwanz

Blauschwarzer Rücken

Weiße Kehle

Weiße Unterseite

STIMME *Hart, schnell prrit oder tschrrit tschirit; Gesang zwitschernd, ähnliche Laute.*
BRUTBIOLOGIE *Geschlossenes Schlammnest mit Eingang oben, unter Dachrinne oder Überhang; 4–5 Eier, 2–3 Bruten; Apr.–Sept.*
NAHRUNG *Fängt in der Luft Insekten.*
ÄHNLICHE ARTEN *Rauchschwalbe, Uferschwalbe, Mauersegler.*

Ringeltaube

Columba palumbus

Die große Taube, die oft Schwärme bildet, ist an ihrem weißen Halsfleck, der rosafarbenen Brust und der plumpen Gestalt mit dem kleinen Kopf zu erkennen. In Stadtparks wird sie zutraulich, auf dem Land, wo sie als Schädling gilt, ist sie scheu.

SUCHT VOR *allem in Agrarland Nahrung. Brütet in Wäldern, Kulturland mit Bäumen, Parks und großen Gärten.*

Weißer Halsfleck

Bürzel heller als Rücken

Grauer Rücken

Großes weißes Flügelband

Dunkles Band

Brust rosa

Mattrote Beine

Weiß auf Flügel

Kein Weiß am Hals

Breites dunkles Band am Schwanz

Matter

STIMME *Gedämpft, hohl* kuu-kuhku, ku-ku, kuk; *lautes Flügelklatschen beim plötzlichen Start, im Balzflug.*
BRUTBIOLOGIE *Plattform aus Zweigen in Baum; 2 Eier, 1–2 Bruten; Apr.–Sep.*
NAHRUNG *Knospen, Blätter, Beeren, Früchte in Bäumen, auf dem Boden.*
ÄHNLICHE ARTEN *Felsentaube, Hohltaube.*

Türkentaube

Streptopelia decaocto

Die Türkentaube, an ihrem hell graubraunen Körper, dem schwarzen Kragen und dem dreisilbigen ku-kuuh-ku zu erkennen, ist in Dörfern und Vorstädten häufig. Sie brütet meist in hohen Nadelbäumen. Der Balzflug des Männchens ist spektakulär, es steigt steil auf und gleitet harsch rufend herab.

LEBT IN *Wäldern, Parks, Gärten, in Dörfern und Städten.*

Schwarzes Halsband

Graues Feld auf Oberflügel

Dunkle Flügelspitzen

Hell graubrauner Körper

Weiße Schwanzspitze

Kopf und Brust rosa überlaufen

Kein Kragen

Sandfarben

STIMME *Laut, dreisilbig* ku-kuuh-kuk, ku-kuuh-ku; *Ruf im Flug nasal* kwäh.
BRUTBIOLOGIE *Plattform aus Zweigen; 2 Eier, 2–3 oder mehr Bruten; fast das ganze Jahr.*
NAHRUNG *Getreide, Samen und Triebe vom Boden; kommt an Futtertische.*
ÄHNLICHE ARTEN *Turteltaube, Felsentaube, Turmfalke.*

Rauchschwalbe

Hirundo rustica

Die Rauchschwalbe ist im Sommer in der Nähe von Bauernhöfen ein gewohnter Anblick, da sie bevorzugt in Ställen und Scheunen brütet, wo sie immer ausreichend große Fliegen findet. Sie fängt diese im Flug, oft elegant direkt zwischen weidendem Vieh, und benutzt ihren langen Schwanz als Steuer, um seitlich auszuweichen und rasch zu wenden. An ihren Schwanzspießen und ihrer tief rostroten Kehle erkennt man sie meist im Flug, und sie ist höchstens mit der Rötelschwalbe zu verwechseln, die aber einen roten Nacken- und Bürzelfleck besitzt. Oft sitzt sie auf Leitungsdrähten, besonders im Herbst, bevor sie nach Afrika zieht.

SAMMELT SICH *in Trupps, die vor dem Zug nach Afrika in langen Reihen auf Stromleitungen sitzen. Fliegt über Flusstälern, Gras- und Kulturland und brütet in Dörfern und Gehöften.*

Lange, schlanke Flügel

Breites blauschwarzes Brustband

Rostrotes Kinn

Dunkel rostrote Stirn

Dunkler Oberkopf

Unterseite hell

Helle Unterschwanzdecken

Tief dunkelblaue, glänzende Oberseite

Tief gegabelter Schwanz mit langen Schwanzspießen, beim Männchen länger

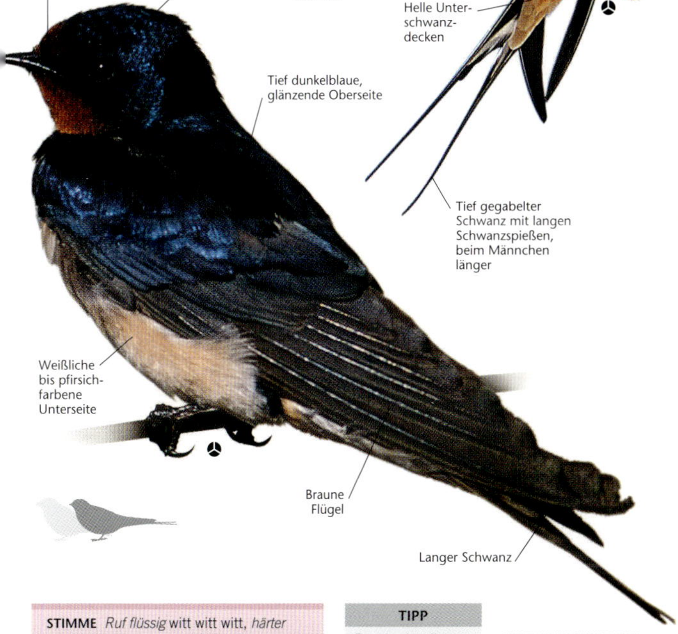

Weißliche bis pfirsichfarbene Unterseite

Braune Flügel

Langer Schwanz

STIMME *Ruf flüssig* witt witt witt, *härter* tswit-tswit; *Gesang schnelles, trillerndes Gezwitscher.*
BRUTBIOLOGIE *Offener Napf aus Schlamm und Stroh, auf Balken oder Mauervorsprung außen; 4–6 Eier, 2–3 Bruten; Apr.–Aug.*
NAHRUNG *Fliegt tief, um Insekten, v. a. große Fliegen, zu fangen.*
ÄHNLICHE *Rötel-, Mehlschwalbe, Mauersegler.*

TIPP

Rauchschwalben brüten meist in Ställen und Scheunen. Man kann sie beobachten, wenn sie ausfliegen, um Futter für die Jungen zu bringen.

Sperber

Accipiter nisus

Der Sperber ist ein kleiner, schneller Vogeljäger, der daran angepasst ist, seine Beute im Wald zu verfolgen. Er hat kurze, breite Flügel und einen langen Schwanz, mit dem er hervorragend steuern kann. Er erscheint oft niedrig und in von raschen Flügelschlägen unterbrochenem Gleitflug, schwenkt plötzlich und verschwindet in einer Lücke im Dickicht. Das Männchen ist wesentlich kleiner als das Weibchen, oberseits blaugrau und unterseits kräftig orangerot. Das Weibchen ist oberseits brauner und unterseits grau gebändert.

JAGT IN *verschiedenen Lebensräumen, von dichten Wäldern bis zu Städten. Brütet in bewaldetem Agrarland und Wäldern.*

Orangefarbene Bänderung

♂

Breite Flügel (im schnellen Flug nach hinten gewinkelt)

Langer, dünner, eckiger Schwanz

Feine graue Bänderung

♀

Kopf klein und kurz

Gelbe, starrende Augen

Im Gesicht orangefarben

Unterseite orangefarben gebändert

♂

Lange, dünne gelbe Beine

TIPP

Sperber bringen ihre Beute oft zu einem regelmäßigen Ansitz, wo sie sie rupfen und zerlegen. Der Ansitz ist oft leicht zu entdecken, da darunter Federn und Beutereste liegen.

Heller Streifen

Oberseits dunkelgrau

Oberseite brauner

Braune Bänderung

Graue Bänderung

♀

STIMME Wiederholt kek-kek-kek-kek, dünn und weinerlich piiii-iii; sonst schweigsam.
BRUTBIOLOGIE Kleine Plattform aus dünnen Zweigen auf einem waagrechten Ast nahe am Stamm; 4–5 Eier, 1 Brut; März–Jun.
NAHRUNG Jagt kleine Vögel; streicht an Hecken und Waldrändern entlang, auch in Gärten, und überrascht Beute; Männchen schlagen v.a. Meisen und Finken, Weibchen Drosseln und Tauben.
ÄHNLICHE ARTEN Turmfalke, Habicht.

Turmfalke

Falco tinnunculus

Dieser weit verbreitete Falke offener Landschaften ist vielen bekannt, weil er oft von Straßen aus rüttelnd zu beobachten ist. Im Norden seines Verbreitungsgebietes ist dieses Verhalten fast einzigartig. Zwar rütteln auch andere jagende Vögel, aber nie so lange. Das kleinere Männchen hat einen blaugrauen Kopf und Schwanz, während die Oberseite des Weibchens überall braun mit schwarzen Flecken ist.

LEBT IN *unterschiedlichsten Lebensräumen, von Städten bis in Gebirgsregionen. Häufig in Waldland, Heiden und Grasland.*

♀

Innenflügel hellbraun

Blaugrauer Kopf kurz, rund

Außenflügel heller als bei Männchen

Dunkle Augen

♂

Innenflügel rötlich

Rücken hell rostfarben mit schwarzen Flecken

Außenflügel schwarzbraun

♂

Dunkler Bartstreif

Unterseits hellbeige mit schwarzen Flecken

Schwanz blaugrau mit schwarzer Endbinde

Krallen schwarz

TIPP

Ein rüttelnder Turmfalke ist meist unverkennbar, v.a. in Nordeuropa, außerhalb des Verbreitungsgebietes des Rötelfalken. Turmfalken können jedoch auch hoch aufsteigen und jagen oft vom Ansitz oder in kurzen Jagdflügen, ähnlich wie Sperber. Sie wirken schlanker als Rötelfalken, mit längeren, spitzeren Flügeln.

Rücken und Flügel schwarz gebändert

♀

STIMME *Nasal klagend und weinerlich kiii-eee-eee in vielen Variationen, vor allem am Nest.*
BRUTBIOLOGIE *Auf Felsenbändern, in Steinbrüchen, Ruinen oder auf hohen Fensterbänken, in alten Krähennestern und Baumhöhlen; 4–6 Eier, 1 Brut; März–Jul.*
NAHRUNG *Fängt kleine Säugetiere, v.a. Wühlmäuse, nach Rüttelflug; auch Käfer, Eidechsen, Würmer und kleine Vögel.*
ÄHNLICHE ARTEN *Rötelfalke, Sperber, Merlin.*

Auf einen Blick

**Auf diesen Seiten sind häufig vorkommende Garten-
vögel abgebildet. Wenn Sie eine Vogelart erkannt
haben, können Sie auf der angegebenen Seite bei
den Vogelporträts weitere Informationen erhalten.**

Wintergoldhähnchen
8,5–9 cm
S. 105

Mönchsgrasmücke
13,5–15 cm
S. 93

Weidenmeise
11,5 cm
S. 103

Zilpzalp
10–11 cm
S. 91

Zaunkönig
9–10 cm
S. 86

Sumpfmeise
11,5 cm
S. 103

Blaumeise
11,5 cm
S. 88

Kohlmeise
14 cm
S. 88

Tannenmeise
10–11,5 cm
S. 102

Schwanzmeise
14 cm
S. 89

Kleiber
12–14,5 cm
S. 104

Stieglitz
12,5–13 cm
S. 93

♂ ♀
Haussperling
14–16 cm
S. 92

♂ ♀
Erlenzeisig
11–12,5 cm
S. 102

♂
Buchfink
14,5 cm
S. 92
♀

♂
♀
Grünfink
15 cm
S. 90

♀ ♂
Gimpel
15 cm
S. 95

Girlitz
11–12 cm
S. 87

♂
Goldammer
16 cm
S. 106

♂

♂

Bachstelze
18 cm
S. 97

♀

♂

Gartenrotschwanz
14 cm
S. 106

♂

Hausrotschwanz
14,5 cm
S. 94

Star
21 cm
S. 96

Singdrossel
20–22 cm
S. 95

Rotkehlchen
12,5–14 cm
S. 89

Amsel
24–25 cm
S. 94

♂

♀

Grauschnäpper
14 cm
S. 104

Heckenbraunelle
14 cm
S. 90

Buntspecht
22–23 cm
S. 99

♂

Gartengrasmücke
14 cm
S. 87

Birkenzeisig
11–14,5 cm
S. 105

Rauchschwalbe
17–19 cm
S. 109

Mauersegler
16–17 cm
S. 107

Mehlschwalbe
12 cm
S. 107

Ringeltaube
40–42 cm
S. 108

Türkentaube
31–33 cm
S. 108

»

Dohle
33–34 cm
S. 98

Eichelhäher
34–35 cm
S. 99

Elster
44–46 cm
S. 98

Saatkrähe
44–46 cm
S. 100

Rabenkrähe
44–51 cm
S. 101

Sperber
28–40 cm
S. 110

♀

♂

Turmfalke
34–39 cm
S. 111

Nebelkrähe
44–51 cm
S. 101

Register

Dank und Bildnachweis

DK dankt Ben Hoare für sein zusätzliches Lektorat und Korrektorat, Nityanand Kumar für die DTP-Assistenz, Sakshi Saluja für die Erstellung des Bildnachweises, Hilary Bird für das Register und Tamlyn Calitz und Jaime Tenreiro für die Assistenz bei diesem Projekt.

Der Verlag dankt folgenden Personen und Institutionen für die freundliche Genehmigung zur Abbildung von Fotos:

Abkürzungen: o=oben; u=unten; m=Mitte; l=links; r=rechts; g=ganz)

Alamy Images: Arco Images GmbH 60ur; Juniors Bildarchiv 1; blickwinkel 15, 80; Les Borg 29; Andrew Darrington 25, 53; Martin Fowler 93; FLPA 40gor; Bob Gibbons 63mlo; H. Mark Weidman Photography 39ml; Mike Lane 94; Renee Morris 2; Naturestock 84gol

Aquila Wildlife Images: Mike Wilkes 90ur

Ardea London: Chris Knights 93mr, ml, 103mr

Bob Glover: 87mru

Charlos Sanchez Alonso: 73mro

Chris Gomersall Photography: 89gor, mo, 90ol, 92ml, mlu, ur, ol, 94mru, ur, 95ur, 96, mlu, 97, 98om, or, m, 99mr, 100ol, m, 102 ol, ml, mr, uml, 103ul, 106mr, or, ur, 108ml, 109mr, um

Chris Knights: 92ml, 107gor

Colin Verndell: 91mro, 102gor

David Cottridge: 87or, 87ur, 89mr

DK Images: Kim Taylor 10, 13ur, 16-17, 18go, 20, 22, 75go, 76u, 79

Dreamstime.com: Karin59 36u; Maass 60ul; Mille19 38gor; Mike Nettleship 63gol; Olaf Speier 61ul; Verastuchelova 85m; Vasiliy Vishnevskiy 36gor; Whiskybottle 69ul

FLPA-Images of nature: 89mo; George McCarthy 104mr, 107mru; Robin Chittenden 87mol

Fotolia: carmelo milluzzo 84gor; carmenrieb 38ul; Langer 41ml; lofik 67mlu; Birute Vijeikiene 65mlu

George McCarthy: 104mro, 107mru

Goran Ekström: 107mr

Hanne & Jens Eriksen: 105m

Mark Hamblin: 88or, mlu, mr, 90ml, 92mlo, mro, 99ul, m, ur, mr, 101ul, 103ur, 104l, m, 106mlo, mlu, 110mlu, mr

Nature Picture Libraty: Rico & Ruiz 104ur

R. J. Chandler: 90mlo

Ray Tipper: 108ml

Roger Tidman: 87gor, mlo, mor, ur, 88mru, 91ur, umr, 92mr, or, um, 93mo, mro, mlu, mr, 94ol, 96m, 104m, ml, 107ur, mr, 108mr, mro, or, 111ur

Roger Wilmshurst: 93m, 98um, mur, 106or

rspb-images.com: 4, 7gol, 42gor, 44gol, 45gor 46ul, 47go, 48, 49ur, 56go, 57gor, 67mru; Nigel Blake 13gor; Richard Brooks 21, Laurie Campbell 12; Geoff Dore 70-71; Gerald Downey 79go; 106mur; Bob Glover 14, 32-33, 55, 56u, 110ol; Chris Gomersall 48ul; Tony Hamblin 21u, 85ur; Andy Hay 11ur; Robert Horne 103or; Malcolm Hunt 105mr; David Kjaer 19; 88mro; Steve Knell 91or; Gordon Langsbury 89ml, 109or; Philip Neuman 95mru; Bill Panton 89or, 86ol; Mike McKavett 86ol; Mike Read 54ul; Carlos Sanchez Alonso 94ml; Jan Sevik 106mlu; David Tipling 8-9, 84u; Roger Wilmshurst 27

Sampo Laukkanen: 101ur

Steve Young: 86mlo, 97um, 98m, 105m, 105umr

Tim Loseby: 97ml, 105mru

Windrush Photos: David Cottridge 103mru; Goran Ekström 98ol; L. Lawton Roberts 107or; David Tipling 89mlo, 90mur, 91mro, 92mr, ml, 99um, 102m, 104mlu; Richard Brooks 106gol

Cover: Vorderseite: **Alamy Images:** Colin Varndell go; **Dreamstime.com:** ladamson m, Pretoperola u; Rücken: **Alamy Images:** Colin Varndell u. Rückseite: **rspb-images:** Laurie Campbell mlu; Andy Ray ur; Ray Kennedy ul, gol; Chris Knights mlu.

Alle weiteren Bilder © Dorling Kindersley

Weitere Informationen unter:
www.dkimages.com